# 国家重点生态功能区

# 县域生态环境质量监测评价与考核典型案例汇编

Guojia Zhongdian
Shengtai Gongnengqu
Xianyu Shengtai Huanjing Zhiliang
Jiance Pingjia yu Kaohe
Dianxing Anli Huibian

生态环境部生态环境监测司　编

中国环境出版集团・北京

**图书在版编目（CIP）数据**

国家重点生态功能区县域生态环境质量监测评价与考核典型案例汇编 / 生态环境部生态环境监测司编. -- 北京 : 中国环境出版集团，2018.12
ISBN 978-7-5111-3853-8

Ⅰ. ①国… Ⅱ. ①生… Ⅲ. ①县－区域生态环境－环境质量评价－案例－中国 Ⅳ. ①X321.2

中国版本图书馆CIP数据核字(2018)第257649号

**出 版 人** 武德凯
**责任编辑** 曲 婷
**责任校对** 任 丽
**装帧设计** 宋 瑞

---

**出版发行** 中国环境出版集团
（100062 北京市东城区广渠门内大街16号）
网 址：http://www.cesp.com.cn
电子邮箱：bjgl@cesp.com.cn
联系电话：010-67112765（编辑管理部）
发行热线：010-67125803，010-67113405（传真）
印装质量热线：010-67113404
**印 刷** 北京中科印刷有限公司
**经 销** 各地新华书店
**版 次** 2018年12月第1版
**印 次** 2018年12月第1次印刷
**开 本** 880×1230 1 / 16
**印 张** 7.25
**字 数** 100千字
**定 价** 35.00元

---

# 编委会

**主　编**　柏仇勇

**副主编**　胡克梅　王业耀

**编　委**　邢　核　佟彦超　董明丽　罗海江　刘海江
孙　聪　郑　磊　马光军　陆泗进　吴　迪

# 前言

2018年5月，习近平总书记出席全国生态环境保护大会并发表了重要讲话。会议首次总结阐述了习近平生态文明思想，为推进生态文明建设、加强生态环境保护提供了坚实的理论基础和实践动力。习近平总书记在讲话中强调，生态文明建设是关系中华民族永续发展的根本大计，生态兴则文明兴，生态衰则文明衰。

国家重点生态功能区是指在水源涵养、水土保持、防风固沙、生物多样性维护、洪水调蓄等方面具有关键作用的区域，对维护国家或地区生态安全具有重要意义。我国政府一直非常重视对重点或脆弱生态区域的保护，加快推进顶层设计和制度体系建设，先后发布了一系列规划并制定了国家重点生态功能区转移支付办法，用以规范转移支付资金的管理、绩效及奖惩。经过多年的努力，中央财政转移支付力度在逐年加大，国家重点生态功能区所在地政府的基本公共服务保障能力也逐年提升，最大限度地保护了当地的生态环境。通过对国家重点生态功能区县域生态环境质量进行考核，结合全国县域生态环境质量考核工作要求，考虑到不同重点生态功能区所在县域生态环境和地理位置的特殊性、复杂性、社会经济发展的不平衡性，本书收集了15个区县作为国家重点生态功能区县域生态环境质量监测评价与考核典型先进事例，将其县域生态环境质量监测建设工作的思路、举措、发展方式及治理经验，图文并茂地展现出来，通过这些鲜活的案例，充分体现出保护生态环境不仅关乎国家整体利益，而且与地方自身利益紧密相关，旨在引导地方政府加强生态环境保护力度。

本书编写过程中得到了入选县域环保部门的大力支持，在此谨表谢意！希望本书的出版，能够对推动国家重点生态功能区县域生态环境质量监测评价与考核工作有所帮助，不足之处，欢迎批评指正。

编　者

2018年9月

# 目录

# 河北
# 承德县

⊙ 唐家湾水库风景区，绿树成荫，碧水如镜

# 坚持绿色发展　全面做好水源涵养

——河北省承德县县域生态环境质量监测评价与考核先进事迹

承德县隶属于河北省承德市，总面积 3 648 平方千米，全县辖 23 个乡镇、378 个行政村，总人口 42.8 万。其中，县城常住人口 12 万。该县是全国绿化模范县、全国绿色小康县、首批国家绿色能源示范县、全省首批扩权县。

承德县位于河北省东北部，地处燕山北部、京津上风上水位置，独特的地理位置，赋予了其特殊的生态功能，按照《全国主体功能区划》规定，承德县被确定为水源涵养生态功能区。为支持生态功能区（县）发展，2013 年，承德县被列入国家重点生态功能区转移支付县。国家在给予生态功能区转移支付资金的同时，提出了对享受转移支付县域的环境保护和治理效果进行考核。因此，全面做好生态环境质量监测评价与考核工作，就成为承德县人做好生态功能区建设工作的重要课题之一。

## 一、高位推动，全力做好顶层设计、全面动员、全员参与

承德县委、县政府高度重视国家重点生态功能区建设和县域生态环境质量监测评价与考核工作，成立了由县长亲自担任组长、分管副县长任副组长、相关单位负责人为成员的“承德县国家重点生态功能区建设工作领导小组”，及时召开

重点生态功能区转移支付相关会议，大力宣传重点生态功能区转移支付工作的重要意义，动员全社会力量共同参与，真正把生态功能区转移支付工作纳入政府重要工作、常态工作之中。专门制定了《承德县国家重点生态功能区县域生态环境质量监测评价与考核工作实施方案》，进一步明确指导思想、总体目标、考核依据、考核内容、工作进度安排、职责任务分工等，做到县域生态环境质量考核工作有人抓总、有人规划、有人落实，并将此项工作列入部门责任目标，在2013年年底进行考核。同时，严格按照《国家重点生态功能区县域生态环境质量考核办法》《中央对地方国家重点生态功能区转移支付办法》和《国家重点生态功能区县域生态环境质量监测评价与考核指标体系实施细则（试行）》等文件要求，努力做好区域水源涵养、规范资金使用，全面提升生态环境质量。

## 二、真抓实干，全面做好重点生态功能区监测评价与考核工作

### （一）坚持综合治理，全面提升生态环境质量

全力做好自然生态指标、环境状况指标、调节指标等考核工作。对照上述指标，相关部门加大执法监管力度，提升治理效果，降低污染物排放，改善环境质量，各指标逐年向好。

保护好水环境。承德县境内有滦河、老牛河等8条主要河流，水资源总量达4.95亿立方米，是全市水资源最丰富的县份之一。承德县通过全面推行河长制、做好水源涵养区保护、加强重点行业和重点区域环境监管工作、加大环境执法力度，严厉打击水环境违法行为等相关工作，地表水河流断面水质监测全部达标，并逐年改善。通过加强重点区域、重点企业治理，划定饮用水水源地保护区，实施美丽乡村建设等措施，净化了集中式饮用水水源地周边环境，确保了集中式饮用水水源地水质100%达标。通过小流域治理工程、京津风沙治理、中小河流流域治理、农村环境连片整治、农村面貌提升工程等一批影响全县生态环境的生态建设项目，有效地改善了全县的生态环境，县域水土保持和水源涵养得到进一步改善。

保护好大气环境。承德县通过减煤、控车、治企、抑尘，加大环境执法力度，部门联合执法等措施和手段，使县域空气质量进一步改善，空气质量达标率逐年上升。自2013年至今，全县淘汰黄标车3 284辆，取缔燃煤锅炉60余台，累计投入资金2亿多元用于大气污染治理。

加强重点单位监管。承德县境内只有一家国控企业——承德清承水务有限公司（原承德县绿溪污水处理有限公司），负责处理承德县城内的生活污水。承德清承水务有限公司是承德市八个县中建设最早并最先通过验收的城镇生活污水处理厂。承德县人民政府高度重视污水处理厂建设，累计投入建设资金1.1亿元。为保证污水处理厂正常运行，承德县政府每年投入运行费用400余万元，同时县环保局加大巡查力度和技术支持，确保了城镇生活污水处理率逐年上升，生活污水处理厂出水水质达到了国家一级A标准，完全符合中水回用的要求。通过进一步查处违法行为，严把建设项目审批验收关，污染减排成果进一步巩固，全县主要污染物排放逐年下降。

加强植树覆绿建设。通过加大工程造林以及民生林业、平安林业、森林城市创建工作，森林覆盖率逐年提升，全县林地面积2 597.33平方千米，森林覆盖率达71.20%，是京津绿色生态屏障和重要的水源涵养功能区。

### （二）坚持效益优先，正确使用转移支付资金

自2013年承德县被国家列入重点生态功能区转移支付县以来，累计获取转移支付资金2.101 5万元。承德县政府高度重视重点生态功能区转移支付资金的使用，将生态功能区转移支付资金全部用于民生保障与政府基本公共服务、生态建设、环境保护等方面，为生态环境保护，尤其是水源涵养功能区建设和保护提供了有力支撑。

### （三）坚持绿色发展，加快产业转型升级

承德县坚持绿色发展，经济多元发展，加快产业转型。紧紧抓住京津冀协同发展重大机遇，依托县城良好的绿化和生态资源，围绕“三区一城一基地”发展

定位，全力打造两个省级工业聚集区，以矿业、地产建筑、加工制造为主导的“三足鼎立”格局，正在被新型矿业、食品饮料加工、新能源新材料、服务外包、大数据、文化旅游及大健康等六大主导产业所代替。重点项目建设加快推进，清华华唐现代服务外包产业园、世欣蓝汛大数据中心、国家图书馆“国家战略文献储备库”等一批重大项目正在加快形成县域经济发展新动力。

承德县人民正按照习近平总书记“我们既要绿水青山，也要金山银山。宁要绿水青山，不要金山银山，而且绿水青山就是金山银山”的发展理念，正确处理经济发展同生态环境保护的关系，牢固树立保护生态环境就是保护生产力、改善生态环境就是发展生产力的基本遵循，紧紧抓住京津冀协同发展的契机，围绕绿色崛起核心，全力打造京津冀绿肺，全力打造生态之城、山水宜居城市，坚定不移做好水源涵养功能区工作，做好生态环境保护工作，为中国梦、美丽河北做出应有的贡献。

河北丰宁
满族自治县

⊙ 丰宁坝上草原夜幕降临景色。丰宁坝上草原是离北京最近的天然草原，又称“京北第一草原”

# 坚持生态立县　打造首都生态屏障

## ——河北省丰宁满族自治县县域生态环境质量监测评价与考核先进事迹

丰宁位于北京上风上水方向，是首都的“生态屏障”。多年来，丰宁县委、县政府始终坚定不移地实施生态立县战略，落实习近平总书记“既要绿水青山，也要金山银山”精神，将把丰宁建设成为山清水秀、富足祥和之所作为总目标，将生态资源作为丰宁最大的财富、最大的优势、最大的品牌进行打造和维护，科学规划、合理布局、统筹安排、狠抓落实，全面开展生态建设和生态保护工作。

## 一、区域环境状况持续改善，环境质量不断提高

截至2016年年末，丰宁有林地面积723.85万亩[①]，森林蓄积量1 205.78万立方米，比2015年分别增长1.48%和2.64%，2016年完成新造林11.26万亩，森林覆盖率达到55.22%。草地资源679.81万亩，比2015年增加31.47万亩。随着造林工程项目的不断实施和原有林木的自然生长，丰宁的森林资源将呈现更加良好的增长态势。

水污染防治工作力度不断加大，多年来，县内2个水质监测断面（潮河丰宁上游断面、丰宁天桥小辽东出境断面）水质达标率均为100%，集中式饮用水水

① 1亩等于1/15公顷。

源地水质达标率为 100%。

丰宁素有“京北氧吧”之称，2016 年，空气达标天数 257 天，比 2015 年增加 19 天，空气质量达标率为 70.41%，同比上升 5.2%。2014 年以来，空气环境质量综合指数在京津冀城市中一直排在前列。

## 二、创新理念，推动生态环境建设各项工作深入开展

### （一）加强领导，不断强化生态保护组织建设

县委、县政府始终将生态环境建设作为工作的重中之重进行研究部署，县委常委会、政府常务会定期听取有关部门汇报，研究部署生态建设和大气污染防治等工作。县政府成立了以县长为组长，常务副县长、分管副县长为副组长，各相关部门主要负责人为成员的县环境保护工作领导小组，统筹协调推进全县生态环境建设工作。每年年初，县政府都与各乡镇及部门签订年度环境保护目标责任书，把生态环境保护任务层层分解落实到具体部门单位和责任人，制定《丰宁满族自治县网格化环境监管体系划分方案》并向社会公开，在全社会形成政府主导、部门联动、全员参与、齐抓共管的生态环境管理新格局。

### （二）强化举措，不断完善生态环境保护制度建设

近年来，丰宁县认真贯彻实施《中华人民共和国环境保护法》《中华人民共和国水污染防治法》《中华人民共和国大气污染防治法》和《河北省关于加快推进生态文明建设的实施意见》，以改善生态环境质量为总体目标，不断完善制度建设，制发了《丰宁满族自治县大气污染防治行动计划实施细则（2013—2017 年）》《丰宁满族自治县散煤污染整治专项行动实施方案（2016—2018 年）》《丰宁满族自治县推进县城建成区及周边无煤化建设实施方案》《丰宁满族自治县水污染防治工作方案》等文件。建立生态保护工作联动机制和联席会议制度，按照统一领导、分级负责的原则，严格落实“一把手”负责制，为生态环境建设夯实了制度基础。

### （三）巩固成果，不断强化生态工程项目建设

多年来，丰宁县始终把生态工程项目建设作为生态环境治理主要抓手，累计投入资金4亿多元，实施了退耕还林、京津风沙源治理、京冀水源林等一批重点造林项目，完成造林90多万亩，新增农田节水灌溉面积13.8万亩，累计达到28.6万亩，完成水土保持治理面积821.82平方千米。总投资1 304万元，完成了黑山嘴、胡麻营垃圾转运一体化项目和南关、王营垃圾处理一体化项目，以及凤山、波罗诺、石人沟、天桥连片整治示范项目。“十二五”期间，围绕国家及省环保资金支持方向及支持重点，谋划开展了中央财政支持主要污染物减排项目、“三河三湖”及松花江流域水污染防治项目、中央和省级农村环境综合整治项目35个，其中12个项目获得批准，支持资金额度为2 888.35万元。完成绿色矿山建设项目21个，恢复治理面积320公顷，村庄绿化150个，生态成果得到进一步巩固。永太兴和平顶山森林公园获批省级森林公园。小坝子生态文明与经济社会协调发展试点工作成果在全省推广。

### （四）转变方式，生态产业蓬勃发展

县委、县政府着力调整农业种养结构方式，大力发展绿色有机农业等特色产业，已经初步形成了以奶业、蔬菜为拳头，有机杂粮、特色林果、特色养殖百花齐放的农业产业格局，具备了较高的规模化、组织化程度。截至目前，全县共有市级以上农业产业龙头企业52家，其中国家级1家、省级7家，专项农业合作社1 000多家，努力将丰宁打造成为最安全、最放心、最可靠、最便捷的京津冀有机农产品供应基地。

### （五）加强管控，不断强化环境保护执法力度

一是严格项目准入。对新上项目严格执行环境影响评价和“三同时”制度，严格环保准入条件，对不符合规定的建设项目一律不予审批，严禁新上“两高一资”项目。多年来，丰宁县新上项目环保审批率达到100%，真正做到了不利于

环保的项目不批、破坏生态项目不准。

二是深化专项整治。强力推进原煤市场集中清理整顿专项行动和燃煤锅炉淘汰整治专项行动，清理县城建成区所有散煤经营点，投资 1 700 余万元推进党政机关事业单位冬季取暖服务外包；加强建筑工地、矿山企业扬尘污染防治；禁止秸秆、垃圾等露天焚烧，取缔露天烧烤 20 家；淘汰黄标车 332 辆；1 380 家餐饮单位全部更换使用燃气或煤油作为燃料，并安装了油烟净化装置。

三是加强重点企业污染设施运行监管。安装在线自动监控设施 2 家，实行全天候无缝隙监控。建立企业环境管理责任制，在 21 家企业实施环保监督员制度，开展了企业实施环境污染责任保险制度试点。

### （六）舆论引导，不断提高社会公众环保意识

利用“六五”世界环境日，积极抓好《环境保护法》《水污染防治法》和《大气污染防治法》等环保法律法规的宣贯工作，普及环保知识，形成人人爱护环境、建设美好家园、共同践行环保责任的良好氛围，不断增强领导干部的环保意识、企业经营者的守法意识和广大群众的参与意识。

## 三、总结经验，不断巩固提升生态环境建设成果

下一步，丰宁县将以习近平生态文明思想为引领，创新驱动，统筹污染治理、环境风险管控和环境质量改善，全面实现建设山清水秀、富足祥和之丰宁的总目标。

### （一）加大环保基础设施建设

继续抓好镇村垃圾处理、污水排放等基础设施建设；抓好厂矿企业和养殖场污染治理、生活污水处理厂等基础设施建设；抓好饮用水水源保护基础设施建设。大力推进各类污染物减排，保持良好的生产生活环境，不断提升全县生态环境水平。

## （二）逐步增加环保资金投入

“十三五”是丰宁环境保护长足发展的重要时期，加大资金保障力度，进一步疏通环保筹资渠道，积极争取国家和省、市专项治理资金，聚焦重点项目建设，确保污染治理的各项措施真正落到实处。

## （三）深入推动环境整治力度

促进产业转型升级，加大重污染企业和重点行业的治理和监管力度，减少污染物排放；严格项目监管，严防“两高”行业新增产能，强化工业污染源治理。

## （四）实行环境执法综合整治

充分发挥部门联动优势，综合运用法律、经济、行政等手段，加大对环境违法行为的打击力度，逐步建立和完善环境保护长效机制。

生态环境建设工作只有起点，没有终点，我们将认真遵循“五位一体”“绿色发展”的理念，不断深入推进生态环境建设各项工作，努力开创丰宁生态建设和环境保护工作新局面。

坝上草原风光

# 内蒙古
# 苏尼特右旗

⊙ 雨后的苏尼特草原，马儿在悠闲的吃草

# 生态建设常抓不懈　打造防沙治沙新典范

## ——内蒙古自治区苏尼特右旗县域生态环境质量监测评价与考核先进事迹

作为国家重点生态功能区的内蒙古自治区苏尼特右旗，近年来高度重视生态文明建设，不断加大生态环境保护力度，努力改善生态环境质量，围绕县域生态创建，脚踏实地“撸起袖子加油干”，通过一系列“组合拳”促进了县域生态环境质量的持续改善。

2009 年苏尼特右旗被划入浑善达克沙漠化防治生态功能区；2016 年 9 月苏尼特右旗正式被划入国家重点生态功能区。

## 一、加大县域生态环境保护投入

苏尼特右旗通过“一卡通”方式发放惠农惠牧补贴资金，涉及公益林森林生态效益补助、草原生态保护补助奖励等 18 大类。积极开展嘎查村级公益事业“一事一议”财政奖励工作。稳步开展农业综合开发工作。

## 二、加强县域生态保护工程建设

城镇基础设施建设方面，建成赛汉塔拉镇中水回用工程，节约水资源，降低用水成本，实现了水资源的可持续和循环利用，创造了可观的环境效益；建成占地面积约 50 万平方米的赛汉塔拉镇生态公园；对赛汉塔拉镇新区南部采砂坑废弃地段进行环境综合治理，建设 19 万平方米绿地景观带和 2 处人工湖，水面面积 13.1 万平方米；完成各苏木镇园林绿化完善、补植工作，改善了生活居住环境，美化了环境景观。

### （一）2015 年度京津风沙源治理工程

工程建设规模为飞播造林 4 万亩，工程固沙 0.4 万亩。该项目的实施使风沙危害得到了有效控制，沙尘暴天数明显减少，生态环境、人居环境得到明显改善。

### （二）全旗空气质量情况

2017 年 1—9 月，苏尼特右旗空气质量优 129 天，良 128 天，轻度污染 6 天，重度污染 9 天，空气质量达标天数比例为 94.49%；2017 年 1—10 月较 2016 年同期环境空气质量达标率增加 7.67%。

## 三、县域环境监管及治理情况

加快推进全旗农产品产地土壤重金属污染防治工作。一是开展重点地区土壤和农作物的协同监测，切实摸清农产品产地重金属污染底数，实施农产品产地分级管理；二是布设长期监测点，逐步开展常态监测与预警；三是因地制宜推广应用源头防控、农艺修复等相关技术。通过实行农业投入品准入，防止重金属污染农田；通过开展农田土壤深耕培肥，合理调节土壤理化性状，降低耕层土壤重金属有效含量。

对 41 家“未批先建”违规项目进行清理整顿。截至 2016 年 6 月 30 日，已补办环评手续企业 21 家，关停企业 8 家，取缔项目 5 个，纳入常态化管理企业 7 家，1 家因暂停产暂缓纳入常态化管理，完成率 98%。对 17 个“久拖不验”项目建立相关台账。完成竣工环境保护验收的“久拖不验”项目 10 个；登报注销项目 1 个，关停项目 3 个。自开展环保违规建设项目清理整顿工作以来，共下达法律文件 48 份，行政处罚 155 万元。

## 四、环境监察执法及环境监测情况

根据自治区和盟行署关于环境保护监管网格化管理的有关要求，苏尼特右旗制定《苏尼特右旗环境保护监管网格化管理实施方案》及实施细则。按照“属地管理、分级负责、无缝对接、全面覆盖、责任到人”的原则，在旗辖区内 7 个苏木（镇），78 个嘎查、社区，建立“横向到边、纵向到底”的网格化环境监管体系。通过体系的建立和实施，实现对各自环境监管区域和内容的全方位、全覆盖、无缝隙管理，做到环境监管不留死角、不留盲区、不留隐患，达到确保区域环境安全的目的。同时继续做好“一企一档”资料整编工作，对企业信息进行电子化管理，对存在环境问题的企业建立了三级台账。2016 年上半年，环境监察大队紧紧围绕全旗环境监察执法工作要点，强力推进全旗污染企业排查与整治工作，环境监察大队出动 580 人次，检查工业企业共计 39 家，其中 13 家企业正常生产，2 家企业季度性停产，24 家企业停产（其中 7 家企业 2015 年责令停产整改），依法征收排污费 129.6 万元，下达责令改正违法行为决定书 9 起，行政处罚 2 起，处罚金额 10 万元。

2016 年苏尼特右旗共完成监测任务 50 次。继续做好城区大气环境质量监测和集中式饮用水水源地监测。全年监测全旗空气环境质量，为苏尼特右旗空气环境质量保障及污染防治提供有效依据。

## 五、县域生态环境保护成效显著

农牧业面源污染治理方面，推广使用厚度 0. 01 毫米以上地膜和可降解地膜，从源头实现农田残膜可回收。积极引进、推广生物降解地膜，开展不同作物、不同种植方式的可降解地膜试验及示范，筛选出适合当地区域特点的可降解地膜产品。坚决禁止饲草料地种植经济作物，以减少地膜用量。扶持地膜回收网点和废旧地膜加工能力建设，创新地膜回收与再利用机制。加强农田废旧残膜回收技术与装备的研究，提高废旧地膜综合利用水平和加工设备的经济效益。积极开展废弃物综合利用，鼓励和支持粪肥还田、制取沼气、制造有机肥等方法，对畜禽养殖废弃物进行综合利用。

污染防治方面，淘汰10蒸吨燃煤小锅炉。加强饮用水水源地规范化建设，督促责任单位按整改要求进行标准化建设。严格按照国家关于重金属综合污染防治等有关文件精神，对苏尼特右旗3家涉重企业加大现场环境监察力度，确保污染治理设施正常运转和稳定达标排放。为加强医疗危险废物污染防治管理，消除环境安全隐患，旗环保局加大执法力度，对全旗所有产生、收集、运输、贮存、利用、处置危废、医废的企业和医院进行监督检查。

近年来，苏尼特右旗委、旗政府在促进经济快速发展的同时，以“实践科学发展观，建设幸福苏尼特”为总体目标，努力建设清洁优美的自然环境，不断完善基础设施，健全工作机制，促进健康和谐。通过近几年的层层动员，人人参与，全旗城市基础设施逐步完善，城市面貌焕然一新，人居环境明显改善，市民素质不断提高，发展环境更加优化，有力促进了全旗经济社会的协调发展。

# 吉林安图县

⊙ 长白山山峰一隅。长白山是欧亚大陆东缘的最高山系，因其主峰多白色浮石和积雪而得名

# 抓生态建生态　安图生态示范建设迈上新台阶

## ——吉林省安图县县域生态环境质量监测评价与考核先进事迹

安图县地处吉林省延边州西南部，全县幅员面积7 434平方千米，辖7镇2乡，180个行政村，总人口21万。安图县的历史较为悠久，清朝将安图奉为满族远祖降生地和天朝帝国龙脉根基，因而划安图为皇朝封禁地，禁止民间开拓200余年，以求“安龙脉、图兴昌”。1910年1月获准命名为安图，意在安定图们江界，保国安民。安图县素有“长白山下第一县”的美誉，是国家级生态示范区、中国矿泉水之乡、中国人参之乡、中国蜜蜂之乡等，也是中药材品种繁育基地县、全国水利经济先进县和“绿色”中药材出口基地县等。安图县森林覆盖率高，动植物资源丰富，境内的长白山天池、瀑布、温泉群、美人松园、地下森林、药王谷、风蚀浮石林等自然景观星罗棋布，风光旖旎多姿，拥有长白山国家级自然保护区、长白山北坡国家森林公园等，具有独特的区位优势和资源优势。2010年至今，县委、县政府十分重视生态建设，按照“打资源牌，走生态路”的发展思路，着力打造“以长白山文化为底蕴的生态经济强县”。特别是在2016年的县委常委会上，明确提出了要按照国家重点生态功能区的建设管理要求，把生态文明建设放在突出位置，努力建设美丽安图。安图县紧紧围绕《安图县国家级生态示范区建设总体实施方案》，制定了《安图县进一步加强环境保护积极推进生态文明建设工作方案》，以创建国家级生态文明示范县、创建国家级卫生城，争创国家级生态旅游区活动为载体，制定了《安图县水体污染防治行动计划工作方案》《安图县大气行动方案》《安图县土壤污染治理方案》《安图县布尔哈通河综合整治方案》等一系列方案支撑污染防治和生态建设。按国家有关规定，结合安图县实际，开展了清洁生产、污染防治、封山育林、退耕还林、还草、河道保护等一系列有利于生态保护的行动，取得了较好的效果。安图县新建游园 5 处，新增公共绿地 30 公顷；污水处理厂、自来水厂改造等一批重点工程相继建成投入使用；集中供热面积达到 140 万平方米；共有农村综合整治示范村 48 个，购置了各类垃圾运输设备，初步形成了生活垃圾“户分类、村收集、镇转运、县处理”机制。松江、石门、新合、永庆 4 个乡镇被评为“国家级生态镇”，二道白河长胜村被评为“国家级生态村”，二道白河奶头山村、石门茶条村被列入全国少数民族特色村寨保护与发展名录，万宝红旗村被评为“中国最美休闲乡村”。

安图县是水源涵养型功能区，森林覆盖率为 87.37%，草地覆盖率为 2.73%，生态环境良好。安图县政府按照原环境保护部、财政部联合印发的《国家重点生态功能区县域生态环境质量考核办法》及上级环保部门的相关要求，为进一步加强对生态考核工作的领导，成立了以县长为组长，分管领导为副组长，环保、财政、发改、水利、农业、国土、畜牧、林业、住建、统计 10 个部门负责人为成员的安图县县域生态环境质量考核领导小组。县委、县政府高度重视生态环境质量考核工作，主要领导多次听取工作汇报，指导考核工作；及时制定实施方案，召开工作会议，明确各部门职责，要求各部门要充分认识此项工作的必要性，切实加强分工协作，严格按要求及时填写和上报各类数据，保证数据填报规范性、可靠性及报送材料完整性。为确保数据填写完整、准确无误，杜绝漏报、错报、随意填报等现象发生，安图县对所有数据实行了“三级连审”，即各成员单位数据上报前，必须由本单位“一把手”进行一审签字；县领导小组办公室负责二审，如数据有变化、有异议，要求成员单位进行解释说明；全部数据核实后，报领导小组三审，并及时按规定上报。对环保部门的统计与监测数据也逐一进行核对分析，查看原始记录，按照规定完成数据填报，并对填报完成的数据进行多次检查与审核，确保数据的准确有效。

安图县是国家重点生态功能区县域生态环境质量考核县，环境质量监测点位为5个水质断面、1个空气自动监测点位和三家污染源排放企业。2014年对环保局监测站实验室进行升级改造，共投入488万元，实验室面积由350平方米增加到1 050平方米，并购买了气质色谱联用仪、ICP等大型仪器，建成一座环境空气自动监测站。2015年3月，安图县环境保护监测站通过吉林省环保厅三级标准化实验室验收。

近年来，安图县加大资金投入力度，不断加强生态环境保护工作和环保项目建设工作。在基础建设、河道治理、集中供热、垃圾清理、农田水利、污染治理等方面取得良好成效。通过全县人民的共同努力，安图县的天更蓝、水更绿，自然生态环境和居民生存环境得到了进一步的改善，也为创建生态文明建设示范县打下坚实的基础。

冬季长白山

# 吉林
# 汪清县

◎ 汪清国家级自然保护区的秋季风景。其森林生态系统类型多样，是远近闻名的“东北豹之乡”和“东北红豆杉之乡”

# 坚持实践两山论　探索生态保护与经济发展双赢新路径

——吉林省汪清县县域生态环境质量监测评价与考核先进事迹

汪清县位于吉林省延边朝鲜族自治州东北部，是国家级贫困县，全县幅员面积 9 016 平方千米，辖 8 镇 1 乡 3 个街道、200 个行政村，总人口 23 万，其中朝鲜族占 26.4%。作为长白山森林生态功能区中的一个县，汪清县十分重视生态环境保护工作，不断加大投入，强化污染治理和生态保护，积极践行绿色发展，推进生态建设与经济发展深度融合，实现了生态保护和经济发展“双赢”。

## 一、坚持生态优先理念，助推汪清加快发展

近年来，汪清县始终秉承“既要金山银山，更要绿水青山”的发展思路，特别是 2013 年，立足县情，创新提出打造“生态建设示范县”发展目标，把生态建设上升到战略全局的高度，与经济社会发展同谋划同部署，努力探索生态与经济共赢、人与自然协调发展的新型道路。成立了生态县建设领导小组，进一步明确责任、落实任务，全面形成党委领导、政府主导、社会参与的工作格局。同时，健全完善工作机制，制定下发了《汪清县生态环境保护工作职责规定（试行）》，建立考核、问责、行政责任追究机制，对落实环境保护工作不力的部门和干部实

行一票否决，以严肃的问责机制推动各项工作有效落实。

## 二、强化综合治理，全面提升生态质量

### （一）水环境治理方面

严格落实“水十条”，制定实施了汪清县《清洁水体行动实施方案（2016—2020年）》和《水污染防治行动计划实施方案》，全面加强水污染防治工作，水源水质常年保持在地表水Ⅲ类标准。严把项目建设准入关，从源头上杜绝新增污染源产业，对违反国家产业政策和明令禁止的“十五小”“新五小”等严重污染环境或选址不当对环境造成严重影响的项目，按照有关环保法律法规要求，坚决予以关停。强化县域内重点污染源的常规监测和在线比对监测，对城镇污水处理厂进行重点监管，确保污水处理设施稳定运行，污染物排放达标。

### （二）大气环境治理方面

制定出台了汪清县《大气污染防治行动计划实施方案》等文件，深入开展工业废气、油气、黄标车污染治理专项行动，累计完成17座加油站油气回收治理，机动车年审排气污染同步检测率达到100%。不断完善大气环境监测体系，抓好污染源监控，落实最严格空气质量标准，大气环境质量得到显著提升。

### （三）土壤环境整治方面

深入开展土壤污染防治行动，制定了《汪清县土壤污染防治工作方案》，以耕地和企业为重点，对现有土壤开展污染状况调查，同时对畜牧养殖实施分类管理，合理划分禁养区、限养区和适养区，目前禁养区划定方案已实施。深入开展矿区生态环境综合整治行动，通过采取环境治理与土地复垦整理有机结合的方式，全力解决污染治理、自然植被恢复、生态建设和修复等问题，促进矿产资源开发与生态环境保护协调发展。

### （四）大力推进生态环境综合治理

以加大“三区”保护建设为重点，全面推进生态保护与建设协调发展，严厉打击违规建设、乱砍盗伐、非法采金等违法行为，生态环境得到进一步保护。全力推动东北虎豹国家公园体制试点建设，全面停止生产经营性项目审批建设，有效保障了试点区域生态完好。严格落实饮用水水源地保护制度，顺利完成明月沟水库水源地保护区区划方案申报审批，积极推进西大坡水利枢纽工程建设，人民群众饮水安全得到进一步保障。此外，还深入开展了农村环境综合整治，强化农业面源、生产生活污染治理，农村环境治理成效显著。

## 三、围绕重点领域建设，积极构建生态文明

### （一）坚持生态优先理念，助推汪清经济社会发展

将抓生态、讲环保，打好“生态牌”，作为汪清县促进经济社会发展的重要抓手，将生态环境保护工作纳入政府工作重要日程，深刻领会“绿色工程”“生态工程”的要义，深入学习贯彻“绿色发展”新理念，将生态建设贯穿经济发展全过程，建立环保工作领导小组，累计组织召开涉及环保会议 28 余次，拨付专项经费 1.9 亿元，生态环境保护工作力度逐年加强，环境质量逐年改善。近年来，汪清县获得了“国家重点生态功能区”“国家级生态保护与建设示范区”“吉林省省级生态县”“省级园林城市”和“吉林省卫生县城”等称号。

### （二）坚持绿色发展理念，助推低碳循环经济发展

突出“绿色、环保”理念，严把项目准入，从严项目审批，为绿色产业“开绿灯”，为污染产业“亮红牌”，充分发挥项目建设导向效应。先后实施涉及环保重点项目 17 个，累计完成投资 5.06 亿元，成功引进凯迪、环垦、三聚、润峰等多家绿色企业，打造凯迪低碳经济示范园区、生态农特产品加工园区、长吉图物流产业园、生物质综合循环利用产业园等一批绿色园区，初步形成分工合理、功能各异、协调推进的生态健康产业发展布局，县工业集中区多次荣获“全省先

进工业集中区”称号。此外，坚持鼓励和引导企业开发环保新技术，采用生态环保新工艺，淘汰落后产能，推进清洁生产，成功实施北方水泥德全集团脱硝工程、龙腾能源脱硫及废渣综合利用、斯宅木业木塑复合材料、华惠中药材生物转化等项目，推动了全县增长方式从粗放型向资源节约和生态环保型转变，2013 年以来，工业增加值能耗平均下降约 4.6%。

### （三）围绕生态文化及旅游产业，推动第三产业加快发展

按照“山水为体，文化为魂”的发展思路，依托“千年部落百年县”的文化传承，将旅游与文化深度融合，高标准编制了全县旅游发展规划，全面推进旅游产业开发，初步形成“上游长白山、下休满天星”的精品旅游线路，满天星矿山公园成为全省唯一获批的国家级矿山公园，水墨文化小镇、跑马娱乐场、风景区客运站等项目进展顺利。“朝鲜族农乐舞”已被列入世界非物质文化遗产，被文化部命名为“中国象帽舞之乡”，千人象帽舞成功挑战吉尼斯世界纪录。大力发展文化体育事业，农村文化大院实现全覆盖，免费开放文化馆、图书馆、博物馆和全民健身活动中心。

# 黑龙江木兰县

⊙ 白杨木水库位于群山环绕的小兴安岭余脉，群山连绵，溪流纵横

# 强化生态考核　再造绿水青山

## ——黑龙江省木兰县县域生态环境质量监测评价与考核先进事迹

木兰县南靠松花江，北依小兴安岭，三面环山一面临水，幅员面积 3 600 平方千米，呈“六山一水一草二分田”之势。全县辖 6 镇 2 乡 1 个开发区，86 个行政村，人口 28 万。松花江流经全境长 75 千米，大小河流 22 条，中小水库 30 座，森林覆盖率 49.7%。湿地草原面积 3 万亩。县域生态环境得天独厚，木兰是全国农业生态县、全国造林绿化先进县、全国生态环境建设示范区、国家绿色优质水稻生产基地、全国休闲农业与乡村旅游示范县、全国主食加工产业发展试点县。

多年来，在黑龙江省环保厅的指导下，利用生态环境监测考核机制促进生态建设。通过扎实有效地开展生态环境建设工作，全县生态环境呈现持续向好态势。主要体现在：一是环境状况指标方面：主要农产品中有机、绿色及无公害产品种植面积的比重达到 63%；森林覆盖率达到 49.2%；受保护地区占国土面积的 19%。二是环境质量方面：空气环境质量、水环境质量、噪声环境质量均达到功能区标准；主要污染物化学需氧量、二氧化硫排放强度均小于考核指标。三是城镇污染治理方面：城镇污水集中处理率达到 77%；工业用水重复率达到 80%；城镇生活垃圾无害化处理率达到 90%；工业固体废弃物处理率达到 95%；城镇人均公共绿地面积为 12 平方米。四是水环境质量方面：集中式饮用水水源地水质达标率 100%；村镇饮用水卫生合格率 100%；单位工业增加值新鲜水耗 21.5

米$^3$/万元；农业灌溉水有效系数为0.5。五是农村环境综合整治方面：化肥施用强度（折纯）173千克/公顷；农村卫生厕所普及率为89.15%；农药施用强度2.65千克/公顷；农用塑料薄膜回收率为98%；退化土地恢复率为92%；草原“三化”比率为10%；规模化畜禽养殖场粪便综合利用率为95%。六是环境保护在社会经济发展方面：环保投资占GDP的比重为2.26%；单位GDP能耗0.89吨标煤/万元；农村生活用能中清洁能源所占比例为25%；秸秆综合利用率为95%；人口自然增长率符合政策要求；公众对环境满意率达到97%以上。木兰县着重抓好以下三方面工作：

## 一、创新建立“五项机制”，保证创建工作落到实处

面对木兰县独特的地理环境，我们清醒地认识到加强生态文明建设的重要性和必要性，保护生态环境、治理环境污染的任务和形势紧迫而艰巨。县委、县政府始终保持高度重视，始终把生态环境建设作为功在当代、利在千秋的民生大事来抓，专门制定“五项机制”来保障落实。

### （一）强化科学规划机制

木兰县成立了生态环境保护建设工作领导小组，结合县域实际，先后编制出台了《木兰县生态示范区建设规划》《环境保护“十二五”规划》《木兰县国家重点生态功能区保护和建设规划》和《木兰县省级生态县建设规划》等一系列规划方案，为县域生态环境建设实现科学化、制度化提供了有力保障。同时出台了县域生态环境保护建设工作制度。

### （二）强化责任追究机制

按照“统一领导、分级负责”的原则，确立了县长负总责、分管副县长牵头抓、县环保局具体负责抓的生态建设日常工作机制，逐项分解落实发改、国土、水务、林业等成员单位及乡镇的工作任务和职责。严格落实一把手负责制，建立

了生态环境保护建设工作联动机制和责任追究机制，把生态环境建设工作纳入年终考核体系，为生态环境建设夯实了责任基础。

### （三）强化联席会议制度

定期召开常委会和成员单位联席会议，听取生态环境建设项目推进情况汇报，部署阶段性工作，解决实际问题，并把生态环境建设工作作为县委、县政府的督查和督办内容，跟踪问效、一抓到底、务求实效。

### （四）强化舆论宣传机制

每年，县政府都要安排环保、广电等部门在“世界环境日”“地球日”等期间，通过发放传单、宣传讲解、电视专题等形式，广泛开展环保宣讲活动及“纪念六五环境日暨县《环保法》贯彻实施大型广场文艺演出”，使生态环境建设工作深入人心。强势的舆论宣传，充分调动了广大人民群众环境共建的积极性，形成了政府主导、分级负责、社会参与、齐抓共管的工作局面。

### （五）强化资金保障机制

在资金非常紧张的情况下，统筹各方面资金用于生态环境建设，坚持生态优先的发展战略。木兰县深入开展生态环境全面综合治理，加强环保投资，仅2016年投入资金1.6亿元，占全县GDP的2.26%，其中，污水处理厂管网配套工程投入1 689.75万元；集中供热改造工程投资398.6万元；江畔公园建设改造投资1 806.76万元；环境综合整治投资762.01万元；垃圾处理场后期建设投资1 167.42万元；农村环境综合整治投入53万元；园林绿化、水利建设、城镇建设投入2 614.3万元；道路改造、桥梁建设投入786.6万元；水土流失治理，保护湿地投入7 042.05万元。

## 二、全力实施“四大工程”，保证创建工作取得实效

牢固树立正确的生态观、建设生态文明，始终是我们工作中坚持的根本理念，我们把生态环境建设作为发展地方经济和民生保障的根本前提，重点实施了“四大工程”。

### （一）实施生态绿化工程

木兰县始终把植树种草、构建绿色屏障作为完善生态环境建设的重要抓手，全县造林绿化 8 400 亩，封山育林 3 000 亩，全民义务植树 150 万株，超额完成黑龙江省环保厅下达的工作任务。林业部门严格控制采伐量、运输量和销售量，依法查处各类林业案件 253 起，挽回经济损失 140 余万元，森林监管保持高压态势，林业资源得到有效保护。投入森林防水资金 780 万元，森林防水能力不断增强，木兰县实现连续 31 年无森林火灾；硬化林区道路 150 千米，林区面貌大为改观。通过实施退耕还林、封山育林、植树种草等生态建设工程，全县森林覆盖率达到 49.7%，有效促进了生态环境建设工作。

### （二）实施生态环境修复工程

坚持保护优先、自然恢复为主的原则，扎实推进水土流失保持和水环境生态保护，加大水土流失治理力度。全县共治理水土流失面积 992 平方千米，治理小流域 21 处，水土流失得到有效治理，水生态环境明显改善。大力发展现代农业，完善节水灌溉、除险加固等农业基础设施建设。投资 1.2 亿元，完成土地开发整治项目 2 个，整治土地 10.9 万亩。投资 2 025 万元完成了 16 处水毁修复工程，投资 1 500 万元完成了香磨山灌区续建配套与节水改造工程，投资 2 000 万元实施了松花江护岸护坡工程。始终坚持在保护中开发、在开发中保护的原则，加快实施土地开发整治项目，全县土地质量持续提升。

### （三）实施生态环境宜居工程

以打造宜游、宜业、宜居“三宜”标准为目标，大力推进文明城市建设。木兰县是全国文明小城镇建设示范点，柳河镇烧锅窝子村被评为全国文明村。3 年来，共拆迁棚户区 12 万平方米，城市开发 24 万平方米，3 429 户居民居住条件得到改善。投资 8 800 万元实施松花江木兰镇城区段生态环境示范带升级改造工程。实施了振兴大街、木兰大街及中心路黑色路面及部分道路硬化工程。投资 2.52 亿元完成鑫玛热电公司扩建改造及木兰镇污水处理厂、木兰镇垃圾处理场提档升级。实施了以东兴镇为重点的旅游名镇建设。建成省级生态乡镇 8 个、生态村 52 个，彰显了新农村的新面貌。

### （四）实施生态环境旅游工程

按照“大旅游、大产业”的发展思路，编制了《木兰县旅游发展总体规划》，把旅游服务业定位为生态产业，并以拓展哈尔滨“冰城夏都”旅游品牌内涵为牵动，依托木兰生态资源，着力打造大美木兰、风情木兰。本着“统一规划、分步实施”的原则，精心打造香磨山修身养生游、白杨木温泉度假村、鸡冠山生态观光游、蒙古山红色足迹游、农家乐采摘度假村、朝鲜民族风情游等精品旅游线路。借助网络、电视、报刊、旅行社等媒介，全面树立“生态木兰、江畔明珠”旅游品牌，逐步把旅游产业打造成木兰最亮丽的名片。随着生态旅游业的逐步发展，旅游资源在得到有效开发利用的同时，也得到了更好的培育和保护，实现了经济建设和生态环境保护互利双赢。

## 三、稳步推进“三项措施”，保证创建工作达到标准

牢固树立保护生态环境就是保护生产力、改善生态环境就是发展生产力的理念，更加自觉地推动绿色发展、循环发展、低碳发展，决不以牺牲环境为代价去换取一时的经济增长。既要金山银山，也要绿水青山。木兰县以打造“主食加工

基地、沿江产业新城、生态旅游名县、幸福和谐之都”为奋斗目标，主动适应和引领经济发展新常态，坚持提质增效不动摇、坚持创新驱动不偏离、坚持深化改革不松劲、坚持群众得惠不放松，全面推进小康社会建设进程。在生态环境保护上稳步推进“三项措施”。

## （一）改造升级老企业，严把新企业准入关口

木兰县始终把完善生态环境长效监管机制作为生态建设的重中之重，推行保护、监管和治理三轮驱动，坚决遏制生态环境恶化。深入推进生态工业。积极向上级部门争取工业技改项目和资金，扶持海外化工、蓝艺地毯等传统企业提档升级，革新生产工艺，企业实现绿色无污染生产。同时，严把企业准入关口，对工艺落后、重污染、能耗大的企业坚决不予引入，并紧紧围绕园区发展的功能定位，严格执行工业园区规划环评标

雾凇

准，积极引进低碳环保性项目。正确的生态环境发展定位，良好的绿色生态资源，引来了生态环保型企业纷纷落户木兰。本真、昊伟、颐康园等 6 家食品加工企业相继建设投产，已成为木兰经济发展的重要支撑。本着“产学研合作、院政企联合，优势大互补、携手共发展”的原则，联合中国农业科学院农产品加工研究所共建了全国唯一一家主食加工技术研发机构——中国农科院农产品加工研究所主食加工技术研究院。木兰食品产业园将打造全国的“放心主食生产基地”和“中国北方主食第一厨房”。另外，环保部门定期开展企业环境风险排查，跟踪督促企业整改，确保企业安全生产。

### （二）开展农村环境综合整治，提高环境保护水平

积极开展创建省级文明城市工作，大力推进“三四五”农村环境整治工程，美丽乡村建设成果突显。随着木兰县养殖业的迅猛发展，为切实降低养殖业户分散经营管理对环境造成的影响，县政府通过政策扶持，使畜禽养殖散户向养殖小区和养殖场集中。截至 2017 年，全县已经累计建成肉鸡规模养殖小区 20 个、规模养殖场 31 个，肉羊规模养殖小区 22 个、规模养殖场 32 个。为进一步解决畜禽粪便污染问题，积极支持宏昌牧业有限公司利用畜禽粪便和玉米秸秆生产有机肥项目。以上举措使木兰县畜牧产业在规模化、标准化、科学化发展之路上迈出新步伐，农村环境综合整治成果得到有效巩固。

### （三）开展主体功能区生态红线划定省级试点工作，推进环境质量提档升级

按照省市生态文明体制改革的总体部署，木兰县积极推进生态文明体制改革工作，在各级环保部门支持配合下，有效开展木兰县生态红线划定试点工作。在全县主体生态功能区——水源涵养区、天然林保护区、自然保护区、风景名胜区、草原湿地保护区划定生态保护红线，建立最严格的生态保护体系，增强生态修复功能。深入开展环境监测工作，按照环境监测科学化、常态化、规范化的工作要求，参照三级站建设标准，配备了环境监测装备仪器，完成了生态功能区环境噪

声监测和大气环境监测工作，巩固了“一江两河”水环境整治成果。积极配合上级监测部门，定期对松花江、白杨木河、木兰达河流域进行水质监测，一江两河流域水质稳定达标，地表水质达到国家标准。大气自动监测站建设项目完成设备安装，并连续稳定运行一年多，监测数据准确。

木兰县生态环境建设取得了一些成绩。在今后的工作中，将进一步加大工作力度，继续创新机制，狠抓落实，齐心协力将生态文明建设引向深入，不断取得新成绩。

# 江西
# 安远县

⊙ 安远生态新村，风景秀美如画

# 大山小县的美丽青山梦

## ——江西省安远县县域生态环境质量监测评价与考核先进事迹

“清清东江源，幽幽三百山”，山野碧绿、满目清新，这是安远给人的第一印象。安远县森林覆盖率84.3%，东江源头水质Ⅰ类，空气质量Ⅱ级，从未发生过环境污染事件。安远县作为国家重点生态功能区和东江源头保护区，不辱使命，认真贯彻落实习近平生态文明思想，紧紧围绕省委“发展升级、小康提速、绿色崛起、实干兴赣”十六字方针，牢固树立“既要金山银山也要绿水青山，绿水青山就是金山银山”的发展理念，大力实施“生态立县”战略，积极融入生态文明先行示范区创建，努力争做创建全国生态文明先行示范区的排头兵，光荣成为江西省首批生态文明先行示范县。全县干群以保护生态环境的坚强决心、果敢担当以及实实在在的绿色践行，彰显打造美丽中国“江西样板”的安远行动。

## 一、三禁行动：禁伐、禁渔、禁采，“禁”出一片青山绿水

为了更好地保护东江源区，让生态环境休养生息，安远县摒弃过去以牺牲环境为代价的落后生产方式，在全县范围实行最严格的生态保护措施——“三禁”。禁伐：对东江源区范围内的120多万亩天然林、商品林全面禁伐，实行封山育林。禁渔：对东江源头河道和全县小（二）型以上水库实行禁渔，禁渔区域全面退出

水产、畜禽养殖。禁采：对矿产资源河道沙石实行禁采，就连东江源头潜在价值高达 100 多亿元的钨、钼、电气石、稀土等各类矿产资源，也坚决禁止开采。

2017 年 11 月，广东东莞一家矿产投资开发集团公司有意在安远投资硫铁矿开发项目，承诺一期投资 8 亿元，项目投产后年税收 3 000 万元。但安远县委、县政府考虑到矿产开发对环境的破坏影响，最终放弃了该项目。据不完全统计，因各类资源限制开发，安远县每年减少财政收入 5 亿元以上。

县委书记严水石深有感触地说："生态环境是安远最大的财富和品牌，作为东江源头，保护好青山绿水、蓝天白云，是我们应尽的责任，就是牺牲短期利益，我们也义无反顾。"

安远县三百山东风湖风光

## 二、三停行动：停批、关停、叫停，“停”出一派生态绿韵

先污染后治理、边污染边治理，一度对生态环境造成严重破坏，给生态治理留下沉重包袱，这次，安远人痛定思痛、痛下决心，抓源头，抓关键，果断出台“三停”措施：停批污染项目，关停污染企业，叫停污染行为。建立“绿色招商”“生态准入”制度，禁止未批先建、边批边建、以探代采等违规行为，尤其是在风景名胜区、自然保护区、生态敏感区和水源地保护区，全面停止审批有污染的建设项目。实行环保监管网格化管理，对未按规定处置危险废物、排放污染物的现象一律严查，对环保设施无法正常运行的企业，一律停产或关闭。

“实行‘三停’压力很大。但比压力更大的是县委、县政府的决心，这让我们执法也更有底气。”县环保局局长叶禄林说，2015 年以来，安远县开展了大规模的环保专项整治行动，清理违法违规建设项目 14 个，集中检查企业 80 余家，

上濂风光，生态秀美

处理企业 18 家，责令停产整改 2 家，关停 9 家，约谈企业 6 家，行政处罚 6 起，处罚金额 22 万元。有一家多年前引进的大型生猪养殖公司，因违规排放废水、猪粪，污染河流，被责令关停后，多次组织员工上访，但县委、县政府态度坚决，毫不让步，迫使企业尽快整改到位。

## 三、三转行动：转产、转型、转变，“转”出一条发展新路

既要绿水青山，也要金山银山。安远人彻底改变了过去产业发展和环境保护“两张皮”的现象，在加强生态环境保护的同时，加快“三转”步伐，全面实行低产林转产、资源消耗型企业转型、粗放型生产方式转变，“转”出一条发展新路子。

“对低产林转产，既利生态，又增效益。”安圣达果业有限公司以前主要从

事脐橙生产销售，后来县委、县政府鼓励果园转产，发展生态、高效农业，他们一方面出于生态考虑，另一方面也是基于经济效益，就主动放弃了镇岗乡的 2 万多株脐橙，转产种植猕猴桃。目前，380 亩猕猴桃长势良好，成为安远低产林转产示范基地。

这只是安远县“三转”行动的一个缩影。安远县整合林业、农业综合开发、水利、水保等涉农资金，推广生态农业技术，加大低产林转产，扶持种植杉木、油茶、猕猴桃等林木果品，全县生态产业面积达 23.6 万亩。同时，安远县大力发展绿色生态工业，城北、版石生态工业园区已显雏形，大唐风力发电、天华现代等生态循环经济方兴未艾。

良好的生态环境使安远县生态旅游产业迸发出前所未有的蓬勃生机。目前，以三百山为龙头的生态旅游产业绽放异彩，乡村休闲游、温泉养生游、东江探源游如雨后春笋，果品采摘、休闲垂钓等生态休闲旅游乐园达到 200 多家，2015 年旅游年接待量比上年新增 30 多万人次。

## 四、创新行动：敢改、真改、实改，“改”出一个生态执法新体制

生态环境多头执法、“九龙治水”的问题，是制约基层生态治理的一大症结。安远县以问题为导向，大胆探索生态执法体制改革，综合林业、水利、环保、国土、矿管、市场监管、农粮、森林公安等相关部门力量，在全省率先组建了生态环境综合执法大队和生态综合执法局，对生态环境实行一体化综合执法，实现生态违法行为快速打击，全面提升了生态综合执法能力、水平和成效。生态综合执法队伍组建以来，累计开展执法巡查 400 余车次，制止破坏生态环境行为 322 起（含联合执法行动），受理、查处行政案件 29 起，行政处罚 30 人，刑事立案 9 起，取保候审 11 人，移送起诉 3 起，有效遏制了各类破坏生态环境事件的发生。

生态综合执法大队实施相对集中的行政处罚，破除过去单一主体分散管理、多头执法的问题，实现了行政执法与刑事责任追究的无缝对接。以前，在非规划

安远县三百山福鳌塘风光

区域违规建设生态养殖场，由县农粮局执法大队负责处理。建好后，达到一定污染排放量，构成环境污染的，由县环保局执法监察大队处理。如果情节严重的，涉及刑事处罚的，还要移交公安部门。这种执法体制，往往造成权责不清，管理缺位。生态综合执法队伍成立后，不管是哪个环节，何种程度的污染破坏，都由执法大队进行统一行动，集中处理，既提升了工作效率，又给破坏环境者最有力的打击。

安远县始终把生态保护放在经济社会发展的首位，坚持“在保护中发展、在发展中保护”的发展理念，严守生态保护红线，实行最严格的生态保护制度，实施“净空、净水、净土”工程，为全县群众谋民生环境、美丽青山、幸福蓝天。今后，安远县将继续矢志不渝，像保护眼睛一样保护生态环境，像对待生命一样对待生态环境，努力建设天蓝地绿水净的美好家园。

江西
上犹县

⊙ 深秋的陡水湖，波光粼粼、湖光山色融为一体

# 呵护绿水青山　建设生态上犹

## ——江西省上犹县县域生态环境质量监测评价与考核先进事迹

生态，是江西省上犹县发展过程中一个至关重要的关键词。

2014年，提出“同城发展，绿色赶超”，打造江西乃至广东和周边省、市后花园。

2015年，先后被国家列为国家重点生态功能区、绿色能源示范县、生态文明示范县。

2016年，被评为中国十大生态产茶县、中国最美生态旅游名县、全国最美乡村创建示范县。

2017年，被评为中国天然氧吧……

金秋十月、硕果累累。2017年9月底，中国气象服务协会在浙江开化召开2017“中国天然氧吧”创建活动发布会，江西省上犹县成为全国19个中国氧吧县之一。采访中，上犹县环保局局长尹学军说，上犹能成为中国天然氧吧县之一，既是上犹县实施“同城发展、绿色赶超”主战略的结果，也是上犹县县委、县政府统筹生态建设与经济发展，探索经济生态化、生态经济化，努力让产业结构变“新”、发展模式变“绿”、经济质量变“优”，推动“绿水青山”与“金山银山”融合发展、相得益彰的一个缩影。

赏枫时节，漫步在国家4A级陡水湖景区，整个景区层林尽染、色彩斑斓，令人陶醉，活生生是一幅临摹而成的水墨画，身临其中，让人如痴如醉！良好的生态环境，是上犹呵护绿水青山的宝贵财富和优势。境内拥有 2 个国家级森林公园、1 个国家湿地公园、1 个国家级水产种质资源保护区、1 个省级自然保护区；全县森林覆盖率达 81.4%，是全国平均水平的近 4 倍；人均公共绿地面积 11.5 平方米，全年空气质量始终保持优。河流水系水质达到Ⅰ～Ⅱ类标准，出境断面水质优于Ⅲ类标准。

上犹县 4A 级景区陡水湖一个岛屿

## 一、生态治理护美绿水青山

近年来，上犹县的决策者们充分利用资源优势，加快转变发展方式，在保护中开发，在开发中利用，努力拓宽绿色发展渠道，实现林业战略性转变，营造出了山清水秀、天蓝地绿、城美民富的美好格局。

在大力推进生态保护工程中，尹学军介绍说，全方位、立体式保护生态，精心呵护这片不可复制的青山绿水是上犹县历届领导的中心议题。一是大力实施“治山”工程。严格实施封山育林，全力推进“森林城乡、绿色通道”工程，依托国家木材战备储备基地建设，近几年来累计完成新造林面积 15.2 万亩，退耕还林 8.74 万亩，封山育林 2.31 万亩，划规生态公益林总面积达 55 万亩，先后被评为江西省“森林城乡、绿色通道”建设先进县、森林资源保护先进县。二是大力实施“治水”工程。围绕加强水管理、保护水资源、防治水污染、维护水生态，全面落实“河长制”，对上犹县赣江源头保护区 216 平方千米进行专门保护，在流

城市建设遵循在保护中发展的思路

域面积10平方千米以上的35条河流设立了县、乡、村河长122名，聘请河道保洁员456名、河道巡查员131名，每年县财政投入100多万元在上犹江等主要河流实行人工增殖放流鱼苗，保护水生物多样性。三是大力实施“水保”工程。以治山、治水、治污“三治同步”和治山保水、疏河理水、产业护水、生态净水、宣传爱水“五水共建”的方式，综合治理水土流失面积43平方千米，南河湖湿地公园纳入国家湿地公园试点。

全面推进生态综合整治，着力解决突出环境污染问题。先后建成了县城生活污水处理厂及配套管网、生活垃圾填埋场、工业园区污水处理厂和5座乡镇污水处理站、14个农村污水处理设施，全面实施城市污水排放、农业面源污染、白色污染治理等专项行动。发动全县干部群众，广泛开展清洁田园、清洁家园、清洁水源“三清洁”专项行动，2014年率先在全市推行白色污染治理、宜居城市创建、乡村河道秩序整治、农村垃圾无害化处理等工作。县财政投入6 300万元，在全县各乡镇建设14座垃圾中转压缩站，添置了10辆厢式垃圾转运车和37辆自装清运车，如今在上犹县的862个农村村落社区，随处可见每日一清除的垃圾清运车，来回穿梭在乡间田野，映入眼帘的是一派整洁有序、亮丽优美的景象。

## 二、制度筑牢绿色生态屏障

采访中，负责环保审批、污染防治、问题减排等项工作的上犹县环保局股长薛磊告诉记者，上犹县在着力构建绿色产业体系，加快推动产业向生态绿色休闲转型过程中，始终有一把严格生态标准的尺子，只要对生态、对环境有影响的企业，不管是大是小，在项目建设前都一定要过环保这一关。

记者在县环保局工作人员的带领下，来到陡水湖，看到碧波荡漾的湖水非常清澈，几乎看不到漂浮的杂质。远远看去，湖水绿汪汪的，澄澈平静，用碧玉带来形容它完全不为过。但随行的工作人员告诉我们，过去这里却是另外一番景象，湖面住着500多户人家，一排排的网箱随波漂流，这是县里累计投入近1亿元资金，开展源头保护，对库区进行水上、水面、水下立体式、系统性的综合治理后发生的变化。现在湖面上再也看不到水上人家了，近百家水上餐馆全部搬迁上岸、网箱网具全部整治到位、游船升级改造全面完成；曾经头枕波涛漂泊半个多世纪的“水上漂”库区移民563户2 251人全部上岸安置，实现了群众脱贫致富与生态环境保护的双赢。家住水岩乡古田村的黄健军说起在水上居住的情景时，永远都不会忘记爱人差点葬身湖里的事情。为筑牢生态绿色屏障，上犹县编制了《上犹生态县建设规划》《上犹生态文明示范工程试点县实施规划》和《上犹县主体功能区规划》等重大规划，制订了上犹生态文明建设的行动纲领和远景蓝图。

## 三、产业转型做大绿水青山

生态治理除了让人领略到了上犹的“颜值”外，上犹县还依托绿水青山发展乡村旅游，走出了一条由“农家乐”到“乡村游”的乡村生活之路。

“山里一张床，赛过城里一套房”，如今在上犹乡村已不是新鲜事，该县梅水乡园村，是一个有3 000多人的自然村，通过近几年的生态打造，如今，家家户户有茶园、有乡村旅馆，人均年收入达到了8 000多元，成为全县首个整村脱贫的示范村。上犹逐步打响了生态鱼、油画、观赏石、温泉、森林小火车等生态旅游品牌，推进油画创意园、印象客家、赏石文化城、南河湖天沐温泉度假小镇、南河湖垂钓基地等重大三产项目建设。按照“接二连三”的思路，以茶叶、油茶、花卉苗木“两茶一苗”为主导，坚持生产标准化、产品品牌化、基地景区化，加快发展现代生态休闲农业，打造了柏水寨生态农业、油石嶂茶叶基地、沙墩苗木基地等一批示范园区和农旅结合体，被评为“全国休闲农业与乡村旅游示范县”。连续三年成功举办环鄱阳湖国际自行车赛的国际性体育赛事。

在生态工业方面，立足产业基础和市场需求，确立了玻纤及新型复合材料和精密模具及数控机床两大工业主导产业，玻纤新型复合材料产业被列为全省60个重点打造的产业集群之一，获批“中国玻纤新型复合材料产业集群发展示范基地”。

记者在南河湖景区采访时，偶遇了正在施工现场调研的县委书记赖晓岚。她说：“穷则思变，近年来，我们转变思路，在保护生态的同时利用生态资源、开发生态产业、发展生态经济，要让资源增值、也要让经济腾飞，更要让人民富裕，寻求一条人与自然深度融合、生态与经济高度统一的发展之路。”现在有梅水乡被评为国家级生态乡，营前等10个乡被评为省级生态乡（镇），平富上寨等56个行政村被评为市级生态村，社溪沙瑕被列为全国首批“美丽乡村”创建试点村。上犹32万人民，将按习总书记“既要绿水青山，也要金山银山。宁要绿水青山，不要金山银山，绿水青山就是金山银山”所指引的道路，坚持不懈地走下去，创造更好的明天！

江西
寻乌县

◎ 梦里老家，项山聪坑

# 只为一泓东江源头水

——江西省寻乌县县域生态环境质量监测评价与考核先进事迹

“江西九十九条河，只有一条通博罗”，古老民谣中的这条河为寻乌河，发源于江西赣州市寻乌县三标乡椏髻钵山，是珠江三角洲和内地供香港用水的源头，每年流入东江的水资源总量为 18.3 亿立方米，占江西境内东江水资源量的 62.7%，在江西省内流域面积最大、流入水量最多，其环境质量状况直接影响东江流域乃至香港地区的饮水安全和可持续发展。

寻乌县位于江西省东南部，赣、闽、粤三省交界处，国土面积 2 351.55 平方千米，辖 15 个乡（镇），33 万人口。2009 年，寻乌县被列入首批国家重点功能区，性质为水源涵养型。8 年来，寻乌县共享受国家转移支付资金 59 642 万元（含奖励资金），考核质量从基本稳定到逐渐变好。为做好山水寻乌这份答卷，寻乌县委、县政府全力支持考核工作的开展，在人、财、物方面制订了一系列保障措施。

寻乌拥有丰富的矿产资源、林业资源和电力资源，具有巨大的发展潜力。但寻乌是东江源头县，生态环境保护压力大，很难把丰富的资源优势转为产业发展优势。为保护东江源生态环境，2009 年至今该县实施全封山，取消商品材砍伐指标，关闭（停）了所有金属矿山。多年来，该县领导班子对生态环境保护和建设工作秉承一任接着一任干的态度，坚定了寻乌人民对生态文明建设的信心和决心。

## 一、组织机构与长效机制建设

寻乌县委、县政府高度重视国家重点生态功能区县域生态环境质量考核工作，成立了国家重点生态功能区县域生态环境质量考核自查工作领导小组，以县委书记为组长，县长为副组长，各责任单位主要领导为成员，把县域生态环境质量考核当作党政同责的头等工作来抓。近年来，该县先后出台了《关于实施“生态立县、绿色崛起”战略的意见》《寻乌县全面推行“河长制”工作方案》《寻乌县生态环境损害责任追究实施办法》《寻乌县水环境质量考核管理办法》《寻乌县“十三五”国家重点生态功能区县域生态环境质量考核自查工作实施方案》和《寻乌县环境保护网格化监管工作实施方案》等规范性文件。建立并实行了环境质量行政首长负责制、河流管理“河长”负责制、重大规划和重大项目环境影响评价制度，并把环境保护工作纳入各乡镇党委、政府和县直各单位年度工作目标考核内容，实行“一票否决”。

## 二、推进生态功能区建设措施

近年来，该县主要实施了“河长制”及寻乌河垃圾清理、封山育林、东江源湿地公园、水土流失防治、河道综合治理、库区生态治理、饮用水水源保护、乡镇生活污水和城乡一体化垃圾综合治理、农村环境综合整治等生态治理工程，开展工业污染防治，保护河流水生态环境，建设了 9 个乡镇污水处理厂和 15 个乡镇污水收集管网及农村生活垃圾转运和处理设施，进一步改善了人居环境。通过水土保持重点建设工程小流域综合治理项目和废弃稀土矿山地质环境治理工程，遏制水土流失，恢复生态环境。

### （一）进一步加大了河道综合管理力度

一是全面推进“河长制”。2016 年起累计投入 1 600 多万元，在全省率先开展了“河长制”试点工作，对全县的每一条河道都落实了“河长”，建立了分段管理、分段治理和分段保护的河流管理机制。二是实施河道生态治理工程，每年安排1亿～2亿元的资金开展河道疏浚，保护河流水生态环境。三是加强河流监测、监察力度，在各个乡（镇）河流交界断面设定了13个监测点，委托第三方每月对各个断面（点）进行采样监测，及时掌握水质状况，确保出境断面水质达标。

## （二）进一步加大了饮用水水源保护力度

一是投入1.15亿元，实施了九曲湾库区的环境保护治理工程，设立了九曲湾库区管理办公室和库区巡逻综合执法队伍，全力确保库区水质达到Ⅱ类标准。二是实施了总投资7.56亿元的太湖水库工程，解决了县城、水库下游4个乡镇共18.77万人的安全饮水问题。三是实施水源保护区移民搬迁计划，共易地移民搬迁1 476户6 844人，有效减少了水源地污染源。四是对全县65个千人以上饮用水水源编制了保护规划，进行了规范化整治，划定了保护区，设立了界碑和界址，建设了保护网。

九曲湾水库风景

### （三）进一步加大了环境治理投入力度

近年来，环保投入逐年增加，前后共争取国家转移支付资金、补助资金和自筹资金 15.3 亿元用于生态环境保护和治理。其中废弃稀土矿山环境治理示范工程资金 3.55 亿元，国家重点生态功能区环境质量考核转移支付资金和东江源保护区奖励资金 5.8 亿元，国土江河东江流域环境综合整治试点资金 2.3 亿元，林业、水利、水保、城管、国土、农业开发、污水处理等其他资金 5.73 亿元，为寻乌绿色生态建设和环境保护提供了强大的资金保障。尤其是近两年来，采取多元投资的方式开展生态建设攻坚工作，已实施项目累计投入资金达 24 亿元，力度逐年加大。

## 三、主要成效

多年来，当地党委、政府及群众想尽一切办法，采取了一系列措施，就是为做好“山水”这篇文章。经过多年坚定不移的生态建设，目前，寻乌县东江源头水质达到国家Ⅰ类水标准，饮用水水源达国家Ⅱ类水标准，出境断面水质达国家Ⅲ类标准并有向Ⅱ类水变好的趋势，全县森林覆盖率已达 81.5%。该县先后被评为全国造林绿化先进县、省级森林城市、省级园林城市、全省国有林场先进县，连续 5 年被评为全省森林防火先进县，15 个乡镇中有 10 个被评为省级生态乡镇。

# 河南
# 西峡县

⊙ 伏牛山世界地质公园，露出云层的群山

# 坚决保护好核心水源地　确保清泉送北京

——河南省西峡县县域生态环境质量监测评价与考核先进事迹

西峡地处河南省西南部、南阳市西部、伏牛山腹地、豫鄂陕三省交汇地带，是一个“八山一水一分田”的山区县，总面积 3 454 平方千米，有南水北调中线工程的核心水源区，水源区面积 3 156 平方千米，占全县总面积的 91.4%，占丹江口库区总流域面积的 14%，占河南水源区总面积的 40.2%，占南阳市水源区总面积的 49.6%，是中线工程水源区面积第一大县。自 2010 年被列为国家生态重点功能区县起，西峡县委、县政府高度重视，根据生态功能区定位，强化生态文明建设，持续加强水源涵养和水质保护工作；不等不靠，坚决实施产业转型升级，关停涉水污染企业；合理利用转移支付资金，强化城乡环境综合治理，在生态保护不断加强、生态环境质量持续改善的同时，社会经济稳步增长，走出了一条可持续的、绿色的发展之路。具体如下：

## 一、强化组织领导，努力营造经济社会协调发展的氛围

良好的生态是西峡县的生存之本、发展之基，西峡县委、县政府把生态立县作为战略任务，明确了打造“好山好水西峡、宜养宜居西峡、创新创业西峡、活力美丽西峡”四个西峡的奋斗目标，把国家环保产业政策和县域环境容量作为政

治高压线，把维护区域水质安全作为生命线，时刻放在案头，搁在心头，摆上重要工作日程。成立了环保委员会、环境综合整治工作指挥部等常设机构，并在全省率先成立了生态文明促进会，凝聚社会力量推动生态建设和保护；开展形式多样的宣传活动，努力使环保意识深入人心，形成做好环保工作的责任感、使命感和迫切感；每年将一批生态环境建设的重点工程和重点工作，列入县委、县政府承诺要办好的“大事实事”和“民生工程”中，列入县委、县政府重点工作台账，任务逐项分解到相关责任部门和乡镇、街道，签订目标责任书，严格考评，兑现奖惩。

## 二、加大整治力度，持续不断地改善生态环境

根据《全国主体功能区规划》和国家重点生态功能区环境质量考核工作要求，围绕县域国家重点生态功能区环境质量指标和环保形势要求，实施环境综合整治、五水共治、蓝天碧水乡村清洁工程等一系列重大环保行动：

### （一）严把源头环保关口

按照国家产业政策和中央提出的“三先三后”调水原则，严禁高耗能、高污染项目准入，否决了22个不符合环保要求的项目，形成了以非排水或少排水项目为主的工业体系。

### （二）大力淘汰关停重污染企业

在前期关停了水泥、黄姜、黏土砖瓦窑等80余家重污染企业，取缔了200余个小黄金、小石墨、小炼钒等“十五小土”项目的基础上，2016年以来，又关停了43家污染企业，要求60多家企业进行综合整治。

### （三）积极开展环境污染防治攻坚

采取控尘、控煤、控烧、控车、控油、控排的大气污染治理六控措施，强化

施工工地监管、工业企业提标升级、燃煤散烧、秸秆禁烧、油气回收、黄标车淘汰等工作，将点源治理与面源控制相结合，针对重点企业、重点行业、重点区域，采取针对性的治理要求和措施，持续不断地提升大气污染治理水平。健全城乡治污体系，建成了县城污水处理厂提标改造工程、污泥处置工程、县城垃圾处理场渗滤液治理工程、11 家乡镇污水处理厂、13 家垃圾处理场，并移交第三方（北京首创集团）运行；正在实施县城污水处理厂扩建工程、污水管网完善工程、内河综合整治工程，提高城乡污染治理水平，改善环境质量。加强秸秆综合利用及畜禽养殖污染防治，推广秸秆还田技术、秸秆制肥技术，实施了粪便无公害化处理工程，制定了《西峡县畜禽养殖污染整治攻坚阶段实施方案》，综合运用激励引导、执法监督和资金支持等手段，推动畜禽养殖场关停。

### （四）加强环境质量监管

在 2009 年建设了县城空气自动站并投入运行，2016 年，对城区空气自动站进行了搬迁升级；2014 年完成了西峡县水环境监测能力标准化建设任务，已通过省验收；完成了垱子岭水质自动监测站的搬迁工作，并投入运行；对鹳河、三道河、垱子岭、许营、杨河、水文站，丁河封湾断面，蛇尾河东台子断面，淇河上河、淇河大桥断面地表水 21 项监测因子，每月监测一次；对污水处理厂、春风纸业、汉冶特钢、宛西制药、龙成特材等国家重点污染源，每季度监测一次。

## 三、打造生态产业，不断增强经济可持续发展能力

### （一）做大绿色农业

立足既促进农业增效、农民增收又促进生态建设和环境保护，重点发展猕猴桃、山茱萸和食用菌三大特色农业。全县猕猴桃面积达到 11 万亩，年产量 6.8 万吨，居全国第二；年产香菇 20 万吨，占全国总产量的 1/10；山茱萸 22 万亩，年产量 3 000 吨，占全国的一半以上。西峡猕猴桃、西峡香菇、西峡山茱萸被认定为“国家地理标志保护产品”，西峡香菇、西峡猕猴桃被国家质检总局认定为“生

山间溪流

态原产地保护产品”，粮经作物中有机、无公害、绿色认证面积占总种植面积的67.6%。三大特色农业对全县农业总产值、农民人均纯收入的贡献份额分别达到64%、65%。西峡被命名为中国“猕猴桃之乡”“香菇之乡”和“山茱萸之乡”。

### （二）做优新型工业

坚持“工业强县、环保为先”的发展理念，大力发展新型工业。坚决取缔高耗能、高污染项目，发展不排水或低耗水项目。依托特色农产品资源，打造“绿色农产品—农产品精深加工—废弃物利用”循环链，成为全省农产品（制品）出口第一大县；依托特钢及环保型冶金辅料产业集群，打造“资源加工（冶金辅料、特钢）—产品深加工（钢构、汽配）—废弃物再利用（水泥建材）”循环经济产业链，建成了全国最大的冶金保护材料和汽车水泵、排气管研发生产基地；依托中药制药产业，打造“药材种植—中药制药—药渣生产有机肥”循环经济产业链，建成了全国知名的中药制药基地。

### （三）做强生态旅游

围绕建设生态旅游名县发展定位，按照“政府引导、企业主体、整合提升、全域景区”的思路，把保持原有生态、保护自然环境的要求始终贯穿于旅游开发的全过程，开发建成了以名山（老界岭）、名园（恐龙遗迹园）、名漂（鹳河漂流）“三名”为龙头的精品景区，各景区建设了污水处理及垃圾回收设施，绿化了裸露地面，全县旅游环境质量达标率为100%，正在创建全程旅游示范县。

## 四、好钢用在刀刃上，实现生态转移支付资金效益最大化

在生态转移支付资金的使用上，西峡坚持好钢用在刀刃上，坚持将生态转移支付资金用在生态保护的重点领域，成立了“生态功能区转移资金使用领导小组”，制定了《生态功能区转移支付资金使用管理办法》，实施生态转移支付资金统一协调、统一谋划、统筹使用、严格管理的科学化管理体系，将资金重点用于城镇

集中式污水处理设施建设、农村环境质量改善、涉水企业关停并转，实现产业转型升级、集中式饮用水水源地保护等与生态环境保护密切相关的领域，发挥支付资金的综合效益，实现生态转移支付资金经济社会效益的倍增效应。

目前，西峡在经济持续发展的同时，各生态系统内部结构更加协调，功能更加完善稳定，自然资源贮存量及有效利用率不断提高。空气、水环境质量达到功能区划要求，农村面源污染得到有效控制，生态涵养能力显著增强，实现了生态系统的良性循环，生态环境质量评价综合指数连年位居全省前列，是全国可持续发展生态示范县、国家级生态示范区、国家重点生态功能区、国家卫生县城、国家园林县城、全国文明县城。

新时期，西峡将在习近平生态文明思想指引下，不忘初心、牢记使命，全县人民团结一心，为美丽中国建设做出新的贡献。

湖北
张湾区

⊙ 春季的犟河黄龙人工湿地，郁郁葱葱、山清水秀

# 打响蓝天绿水保卫战

——湖北省张湾区县域生态环境质量监测评价与考核先进事迹

2016年国家重点生态功能区县域生态质量考核以“基本稳定并逐步向好”替代了三年前的“一般变差”；2018年4月又荣获湖北省生态区荣誉称号，连年来，张湾区生态建设喜事频传。

张湾区作为南水北调中线工程核心水源地、全国闻名的汽车工业基地，在保水护水的政治担当与关乎地方生存发展的重大考验面前，张湾区以保一江清水永续北送为己任，推动老工业基地转型升级，矢志不渝地创建生态文明建设示范区，打响蓝天绿水保卫战。

## 一、永保水质安全：水源区人民的责任担当

“记忆中的河流又回来了，绝迹的小鱼小虾出现了，罕见的小天鹅也飞来了。”10月12日，漫步在张湾区犟河的居民李银祥欣喜地说，存在了十几年的臭水沟不见了，取而代之的是水清岸绿景美的新河道和休闲小游园 。

犟河的变化源于张湾区大手笔治污，保清水北送的重大行动。张湾区因国家三线建设东风汽车公司而生，是典型的先生产后生活、先工厂后城市的区域。污水管网等地下综合配套设施建设“滞后”，与年工业产值700亿元、居住人口

40 万的城市极不匹配。

犟河、神定河是张湾境内的主要河流，绵延数百里。沿线布局企业千余家，随着城市规模扩大和经济体量增大，环境污染日益严重，河道脏、臭、乱，治理难度空前。2013 年，张湾区全面打响了以截污、清污、治污、控污、减污为主的“清水行动”战役。短短两年时间，通过建设施、清淤泥、扩管网、筑河堤、修景观，综合施治、标本兼治，实现了“水清、河畅、岸绿、景美”。建设了 493 千米清污分流管网，255 个排污口入管联网；城区 15 条河道主、支沟清除淤泥 200 多万立方米，相当于前 10 年之和。犟河水质也由过去的劣Ⅴ类提升为Ⅲ类，比原环境保护部给定目标整改期限提前 4 年达标。

近几个月监测数据显示，与 2012 年相比，张湾区两条入库河流的主要污染物化学需氧量、氨氮、总磷浓度降幅都在 60% 以上。这种变化得益于全国知名治污企业的进驻：西部污水处理厂、西部垃圾填埋场渗滤液处理站委托北京排水集团运营管理，神定河污水处理厂由北京碧水源公司托管运营，深港产学研集团承接神定河下游的人工快渗、中水回用等工程，当前全国 30 多种污水处理工艺，张湾应用超过 20 种。

张湾辖区的黄龙水库是南水北调主要“水井”之一，为此，张湾区取缔库区网箱养鱼 3 100 多箱，渔船、游船百余只，关闭黄龙码头，实施渔民上岸、整村外迁工程，禁止一切与保护水源无关的水上活动，打造洁净水源区。

“保好水、护好水，确保一江清水永续北送是张湾人永远的使命。”张湾区环保分局局长左辉说，一系列的治污行动旨在不让污水入河，逐步实现河流消除黑臭直至水质达标的目标。

## 二、建设生态企业：老汽车工业基地的生死蝶变

“过去黑烟弥漫，气味呛人，现在无烟无味，心里敞亮。”说这话的王伟是东风汽车悬架弹簧有限公司的工人。他说，以前以燃煤作为动力来源，如今用上天然气，还引进了先进的废气处理设施，产品质量得以提升，生产环境大大改善，

区域环境空气质量明显提升。这是张湾区保护水源区环境质量、推行企业清洁生产的一个缩影。

一方面，作为老工业基地，汽车是张湾的主导产业，传统制造企业污染治理难度大；另一方面，确保水质安全关乎调水成败。在保水质还是保增长的面前，张湾人作出明确回答：坚持生态、环保、绿色发展理念，保证水质安全。

“企业要么达标排放，要么关门，要么转产，宁可牺牲增长的速度，也要保护好我们的生态环境。”2014 年，张湾区政府在集中约谈重点涉水排污企业时思想空前统一。于是，以关停整转为重点的集中治理企业环境污染行动得以展开。

元康药业公司因废水超标排放被关闭；十宝皮革公司因污染排放整改难落实被关停；高能耗、高污染的恒融玻璃瓶厂转型生产电动车，生产氧化铁的万润公司转产汽车新能源材料领域……张湾区依法关停污染企业 32 家，整合转产 16 家，提档升级新工艺、新设备、新技术 280 多项，先后否决 60 多个污染严重项目，改造投资达 30 亿元。这样从生产源头控制污染源，换来了水质、土壤、空气质量的持续好转，推动了传统汽车工业制造的转型发展。

张湾主河道——神定河治理一角

电镀污染猛于虎，这是环保业内的共识。“游击队”式的小电镀作坊，一度成为车都张湾环境污染的“重灾区”。为解决顽疾，张湾区采取“疏堵结合”的方式，开展“猛虎入园”行动，一边将小作坊关闭，一边建起了电镀工业园，让“游击队”变成“正规军”，建设集中式污水处理站，第三方运营治污设施，实现达标排放。

同时，该区从政策、资金、科技等方面扶持引导企业向绿色产业进军，全区产业也逐步由工业独大向商贸物流、新经济、乡村旅游、现代农业多领域迈进，一、三产业比重超过四成。

“把绿色、生态作为标尺，坚决守住发展的生命线。”张湾区区长周玲说，该区对环保不达标的企业一律关停、对不符合产业政策的项目一律不批、对影响库区水质安全的项目一律停建，并在企业环保管理中实行分级动态管理模式，探索绿色、黄色、橙色为主的“环保管理颜色革命”，倒逼企业提升环境管理水平。

## 三、打造生态标杆：绿色引领全民幸福生活

坐落在十堰城区的四方山是市民近山亲水、亲近自然的好去处，每天前去登山、散步的人络绎不绝。四方山是张湾区核心所在，寸土寸金，近年来，政府多次拒绝了开发商投资建设的要求，建成十堰最大的绿色休闲地。

张湾是国家重点生态功能区，又是南水北调水源涵养区，为保护好这一方蓝天、绿水、青山，张湾区从领导体制、项目准入、产业布局、财政投入等方面入手，通过设立区级环保科技、节能减排奖励资金，划定生态功能区、明确禁止开发区域等举措构建完善的生态文明建设体系。三年来，张湾区从资金、技术、项目等方面全力开展生态创建，实现市级以上生态乡镇、生态村创建全覆盖，开展“绿色＋”系列创建活动……全力打造生态标杆。

走进十堰工业新区，鲜花、草坪、绿树，道路两旁景观、绿地相伴，厂区处处大树、盆景相衬，园区生态长廊、休闲绿地比比皆是。这是张湾区实施生态修复的成功案例之一。前几年，为破解山区发展空间瓶颈，该区建设了十堰工业新

区实施低丘缓坡改造项目，在山地开发过程中采取开小山留大山，园区内裸露山体、道路沿线、企业内外统一植树植绿、建设生态游园，引导集中入驻企业原厂区还绿等，保留了50多个独立山体，生态绿化率达30%以上，确保绿地占补平衡。

森林是城市的“绿肺”和“制氧机”。张湾区以生态建设为重点，在管住斧头不乱伐、守住山头不乱挖、护好源头不污染的同时，启动绿满张湾、美丽乡村建设等工程，累计完成长防林工程、天然林保护、人工造林75万亩，森林覆盖率达72%，成为“天然氧吧”。正如，东风与沃尔沃组建的新东风商用车有限公司总部落户张湾时，沃尔沃董事会主席思文凯表示，除了汽车文化，更看重十堰的生态。

同时，张湾区紧盯山、水、景等资源优势，探索出生态优先、绿色与经济融

合发展的新路子，培育种植花卉苗木、茶叶、樱桃、猕猴桃等绿色经济林10万亩，发展田园采摘、绿色休闲等城郊绿色旅游产业，黄龙鳜鱼、汉江樱桃、安沟嫩香芹、养心菜等十多个产品荣获国家级绿色标识，绿色产业鼓起农民“钱袋子”。建设以黄龙滩国家级湿地、堵河水体、大西沟、牛头山、白马山、四方山等绿色资源为依托的生态旅游经济带，让市民尽享绿色生态福利。

“坚持把生态保护和生态安全放在首位，探索现代工业文明与自然生态文明融合，全力打造人与自然和谐共生的国家生态文明建设示范区，加快从工业型城市向生态型城市的转型升级。”张湾区区委书记刘宇飞说，全区天更蓝、地更绿、水更清、民更富的目标正逐步得以实现。

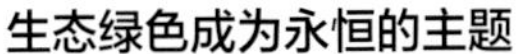

湖南
凤凰县

⊙ 凤凰沙湾八角楼，山水人家，悠闲自得，宛如一幅自然画卷

# 用“绿水青山”换来“金山银山”

## ——湖南省凤凰县县域生态环境质量监测评价与考核先进事迹

凤凰县地处湖南省西部，湘西土家族苗族自治州的西南角，武陵山脉南部，云贵高原东侧，总面积 1 743 平方千米，总人口 43 万人。2001 年被评为国家历史文化名城、首批中国旅游强县、国家 AAAA 级景区（凤凰古城），是湖南十大文化遗产之一，曾被新西兰作家路易・艾黎称赞为中国最美丽的小城，与云南丽江古城、山西平遥古城媲美，享有“北平遥、南凤凰”之名，荣登“国家名片”。

凤凰沙湾虹桥

凤凰县属亚热带季风湿润性气候，地形复杂，境内以丘陵山区为主，自然生态资源丰富，2010年被首批列入生物多样性维护类型的国家重点生态功能区。在享受国家转移支付的同时，凤凰始终坚持“绿色发展”理念，以文化旅游产业为龙头，带动社会经济全面发展，以县域生态环境质量考核工作为契机，主动顺应绿色、低碳发展潮流，牢固树立生态文明立县和“绿水青山就是金山银山”的理念，积极履行主体责任，多措并举，扎实开展环境保护工作，取得了显著成效，全县生态环境质量持续良好，山清水秀的自然生态品牌效应进一步得到巩固发扬。

## 一、加强组织领导、用好管好生态转移支付资金

考核工作开展以来，县委、县政府高度重视，成立了以县长为组长，各相关部门主要负责人为成员的考核工作领导小组。制定了《2017年凤凰县国家重点生态功能区县域生态环境质量监测、评价与考核工作实施方案》，明确部门职责，齐抓共管。出台《凤凰县国家重点生态功能区转移支付资金使用管理办法》，规范转移支付资金使用和管理，对转移支付资金的分配实行项目申报制，制订项目的年度实施计划，列入财政预算，提高转移支付资金使用绩效，真正实现了把好钢用在刀刃上。

## 二、念好环保“管理经”，完善制度 “四梁八柱”

认真贯彻落实中央有关生态文明建设决策部署，县委、县政府将加强生态文明建设纳入全县国民经济和社会发展“十三五”规划，先后出台了《凤凰县水生态文明城市建设试点实施方案》《凤凰县生态县建设规划》和《凤凰县城乡饮用水水源地环境保护规划》等一系列生态建设发展规划，明确提出要实施全域生态、全域文化、全域旅游，打造生态环境优美的中国旅游强县、建设美丽凤凰。

为切实把环境保护主体责任落实到位，该县完善环境保护管理机制，进一步落实“党政同责”“一岗双责”，建立健全环境保护责任追究制度，着力形成以

政府为主导、企业为主体、全民参与、全社会共同推进的环境保护工作格局。建立健全环境保护考核办法，将环境保护工作责任纳入目标管理绩效考核，将生态环境保护纳入对乡镇、县直单位主要领导的离任和任职审计。

在原有《凤凰县环境保护工作责任规定》和《凤凰县水污染防治工作实施方案》等10余个文件的基础上，县委、县政府下发了《凤凰县环境保护综合整治实施方案》，每项环保工作明确一名副县长负责，确定一个牵头部门，织牢“研究决策网”“学习督办网”“工作实施网”等“三张网”，形成了环保工作齐抓共管的氛围。环保不是“一家的事”，而是“大家的事”，已成为“凤凰共识”。以前环保部门“踩刹车”，其余部门“踩油门”的现象一去不复返了。

## 三、以改善环境质量为目标，大力开展环境整治

为切实改善环境质量、城市面貌和人居环境，凤凰县实施了凤凰县海绵城市、湿地公园、城市供水及污水处理的政府和社会资本合作（PPP）项目，以及黑臭水体整治、农村环境综合整治、退耕还林、青山抱古城、荒漠化治理等一系列环境整治及生态建设工程。开展了县城集中式饮用水水源保护区的污染综合整治，规范设置各类标识标牌，整治取缔保护区排污口，全面取缔饮用水水源保护区内各类畜禽养殖项目。全面推行河长制，并与责任单位签署“责任书”，构建责任明确、协调有序、监管严格、保护有力的河流管理、水污染防治机制。大力实施县城沱江河清淤、污水管网改造工程及乡镇、村给排水和污水处理厂建设，从根本上保护沱江河、提升整个县城水环境质量。加大农村环境综合治理，整合各类资金1.5亿元，实施老家寨村、老洞村、小垅村等350多个村的生活垃圾、污水收集处理，饮用水水源保护等工程。强化网格化环保监管体系建设，由县级财政预算安排资金1 000余万元，设立环境保护站17个，建立一支包括网格长、中心户长、保洁员、生态护林员在内的近3 000人的环保大军，切实改善农村环境状况。

监测数据显示，2016 年以来，凤凰县环境空气质量达标率保持在 90% 以上，县域地表水断面水质优于或达到Ⅲ类水质，达标率为 100%，饮用水水源地水质达到Ⅱ类水质，达标率为 100%，县域内无劣Ⅴ类水质断面。

生态环境的改善，有力提升了城市形象。如今，这座中国最美丽的小城已成为许多旅游者休闲、度假、康养的首选，越来越多的国内外游客涌入凤凰……凤凰的“绿水青山”换来了“金山银山”，2017 年，凤凰县共接待游客总人数 1 510.02 万人次，旅游总收入 141 亿元，同比分别增长 9.4%、21.28%，“天下凤凰”文化旅游品牌蜚声海内外。

凤凰沙湾虹桥

湖南
吉首市

⊙ 武陵风景区周围岩石，孤峰兀立，山壁陡峭

# 打造武陵山片区生态文化旅游中心城

——湖南省吉首市县域生态环境质量监测评价与考核先进事迹

吉首市地处湘、鄂、黔、渝四省边区的武陵山区腹地，是湖南省湘西土家族苗族自治州州府，是全州政治、经济、文化中心，是全省唯一的少数民族县级市。全市总面积 1 078.33 平方千米，森林覆盖率 77.61%，人口 30.37 万，其中土家族、苗族占总人口的 76%。2015 年，全市实现生产总值 1 226 108 万元，比上年增长 10.9%，其中，第一产业增加 66 168 万元，增长 3.8%；第二产业增加 368 730 万元，增长 16.7%；第三产业增加 791 210 万元，增长 8.6%。

近年来，吉首市以习近平新时代中国特色社会主义思想为指导，以学习践行习近平生态文明思想为动力，大力推进“项目兴市、改革兴市、实干兴市”，全力打造“山青、水秀、天蓝、地绿”的生态市，全市生态文明建设工作蓬勃发展，生态环境质量稳步提升，努力打造武陵山片区生态文化旅游中心城。

## 一、强化组织、建章立制促工作

自从开展国家重点生态功能区县域生态环境质量考核工作以来，市委、市政府高度重视，把生态环境质量考核作为一项主要工作来抓，列入重要议事日程，大力推进生态环境质量考核工作。一是健全工作机制，生态环境质量考核工作常态化。市政府成立了由市长任组长、常务副市长和分管副市长任副组长，环保、财政、国土、林业、农业、水利、发改等部门负责人为成员的生态环境质量考核工作领导小组，印发了《吉首市国家重点生态功能区考核工作实施方案》，明确各相关成员单位的工作职责，领导小组每年定期召开会议研究部署生态环境质量考核工作，将生态环境质量考核工作纳入绩效考核范围，强化督查力度，加强了日常工作的调度，及时解决了工作中存在的问题，启动了行政问责机制，充分调动各部门的主观能动性，促进了生态环境质量考核工作落到实处见成效。二是加强部门联动，确保考核数据的科学性和真实性。在生态环境考核工作中，对每一个数据都要追本溯源，力争做到最精准、最科学、最真实。三是加大宣传力度，营造良好工作氛围。成立环保志愿者队伍，围绕重点生态功能区建设开展系列宣传活动；组织广播电视台、新闻网站、自媒体等媒介广泛宣传生态环境质量考核工作的重大意义、目的、作用，提高广大人民群众对生态文明建设和生态环境质量考核工作的参与度，营造良好的工作氛围。

## 二、狠抓落实、积极推进生态项目建设

一是深入推进农村生态环境连片整治工作和生态文明市、乡镇、村建设。吉首市农村环境综合整治整县推进项目于 2015 年公开招标后全面实施，在全市 15 个乡镇、街道共建垃圾焚烧池 674 个，垃圾收集池 115 个，配套各类垃圾桶 2 825 个，推进农村垃圾分类减量，编写印发宣传资料 10 多万份，全市确立了 4 949 户垃圾分类试点户；积极开展农村人畜饮水工程和污水处理工程，整治畜禽养殖户 25 家；开展石漠化综合治理工程，治理岩溶面积 64 平方千米，治理石漠化土地 9.4 平方千米；开展了退耕还林、荒山造林、长江中上游防护林体系建设，完成营造林工作任务 10 600 亩。积极开展创建吉首市生态市工作，出台了《吉首市生态市创建方案》，明确了创建工作目标。全市共有 33 个村获得省级生态村命名，63 个村获得州级生态村命名；有 10 个乡镇获得省级生态文明乡镇命名，其中 4 个乡镇通过了国家级生态乡镇验收。二是实行专款专用，提升环保效益。国家生

态转移支付资金是国家鼓励和支持环境保护工作的重要举措，吉首市坚持做到国家生态转移支付资金主要用于环境保护以及涉及民生的基本公共服务领域，资金管理使用规范、合理，确保发挥最大功效。主要用于三个方面：一是用于生态资源保护，包括森林植被恢复、水土保持、水源涵养、河流湖泊湿地保护、生物多样性保护等；二是用于节能减排，包括淘汰落后产能、污水和垃圾处理设施建设和运营等；三是用于生态修复和环境治理，包括石漠化综合整治、城区环境治理及绿化、生态市创建等。经检查核实，所安排的生态补偿资金做到了专款专用。

## 三、突出重点工程，加强生态建设

吉首市坚持以习近平生态文明思想为统领，着力打造“武陵山片区旅游中心城”，积极推进生态环境建设。一是加强自然保护区建设，大力开展植树造林。自 2001 年以来，吉首市先后成立了齐心金雕自然保护区、八仙湖自然保护区、德夯风景名胜区、峒河国家湿地公园及矮寨国家森林公园等五大自然保护区，保护了独特的生态环境系统、珍稀的动植物资源及奇特的自然地貌。截至目前，吉首市自然保护区占地面积达 330.23 平方千米，占全县总面积的 31%。同时，吉首市还积极加大植树造林、退耕还林、石漠化综合治理等工作力度，完成林业重点工程造林 13 116 亩、封山育林 9 400 亩、森林抚育 8 000 亩。二是推进水利工程建设，强化河道治理。积极开展农村安全饮水工程、小型农田水利项目、“五小水利”工程、河流治理等工程建设，解决农村 9 055 人的饮水安全问题，完成 1.5 千米河道治理，促进农业生态环境协调发展。三是加快农村集中式饮用水水源保护区建设。编制《吉首市农村集中式饮用水水源保护区划分技术报告》，划分农村饮用水水源保护区，确保饮用水环境质量；建设安全饮水保护工程 15 个，大幅解决了农村饮用水安全问题，着力改善了农村环境现状，有力推进了全市生态建设。

## 四、加强环境治理，提升环境质量

吉首市高度重视环境治理，坚持“防治结合、以防为主、严格治理”，积极创建“两型”社会，实现减排目标。

### （一）加大节能减排力度

为完成“十二五”减排目标任务，吉首市编制了《吉首市主要污染物减排工作实施方案》，制订年度减排计划，有序推进主要污染物减排工作。截至目前完成减排项目 20 个，其中产业结构调整项目 13 个，城市污水处理厂项目 2 个，畜禽养殖治理项目 5 个，分别淘汰电解锰、立窑水泥、电解锌、氧化锌回转窑、低碳钢热轧圆盘条、粗铅等落后产能 4.5 万吨、12 万吨、1.6 万吨、1 万吨、10 万吨、0.3 万吨。实现污染物减排量化学需氧量 2 750.33 吨，氨氮 400.7 吨，二氧化硫 2197.86 吨，氮氧化物 89.2 吨，较 2010 年分别减少 31.25%、40.54%、41.46%、2.6%。全面完成了“十二五”主要污染物减排任务。

### （二）加强大气污染防治

按照《吉首市大气污染防治实施方案》要求，狠抓燃煤小锅炉整治，对 154 台燃煤锅炉进行摸底调查和整治，淘汰燃煤锅炉 45 台、燃煤窑炉 5 台，改造综合利用烟梗废物为燃料的 10 蒸吨生物质锅炉 1 台，改造使用生物质燃料锅炉 10 台，改用空气能、电能锅炉 6 台；开展挥发性有机污染物防治，对全市中石油及中石化加油站点、社会加油站点、储油库、油罐车等各类油气回收环节认真分析，截至目前已完成 6 个加油站油气回收、5 辆油罐车改造；整治饮食行业油烟污染，完成 133 余家小餐饮店标准化改造，减少生活燃煤消耗量 4 594 吨 / 年，二氧化硫、氮氧化物、粉尘排放量分别减少 15.98 吨 / 年、4.45 吨 / 年、11.03 吨 / 年；加强建筑施工及堆场扬尘污染综合整治，开展渣土、沙石运输车辆大气扬尘污染专项整治，加强矿山扬尘的污染防治。

### （三）推进城乡同建同治

全市集中开展了市容交通秩序综合整治行动，先后共拆除违规遮阳棚 1 387 个，清除占道摊点 2 245 处，规范店外经营 1 823 处，清理小广告牌、灯箱 1 545 块，处罚违停车辆 645 台次，拆除临时违章建筑 52 处。加大扬尘的治理力度，开展了石材加工场整治，取缔非法石材加工场、打碑场 32 家，拆除违章建筑 2 栋、工棚 38 个、大型加工设备 11 台（套），清理违法用地 10 000 余平方米，清运石料 52 车计 4 000 余吨。

### （四）开展生态红线划定

2016 年，吉首市启动了生态红线保护划定工作，目前已经完成《吉首市生态保护红线划定方案》及吉首市生态保护红线区示意图初步制定。初步划定的生态保护红线总面积 155.48 平方千米，占全县总面积比例为 14.4%。

### （五）吉首市环境质量得到有效保护

近年来，吉首市饮用水水源监测断面达标率为 100%，各地表水控制断面达标率为 100%；吉首市空气环境质量在全省排名前列，空气质量优良率保持在 90% 左右。

## 五、加强能力建设，夯实考核基础

为充分发挥环境监测作用，规范环境监测和环境管理行为，保障国家重点生态功能区县域生态环境质量考核顺利开展，吉首市采取多种措施，完善和强化环境监测能力建设。

### （一）以加大资金投入为突破口，进一步加强能力建设

2015 年以来，环境监测站加大能力建设，重点抓好专业人才引进、仪器设

备采购、水气自动站建设等方面工作，现吉首市环境监测站拥有原子吸收、原子荧光、离子色谱等大中型监测分析设备81台（套），建设大气自动监测站3个，水质自动监测站1个，先后引进高学历专业技术人才9名。

### （二）以提供数据支撑和技术服务为立足点，全面完成监测任务

做好大气环境质量监测和地表水环境质量监测，有序推进农村生态监测、重点污染源监测工作，确保数据可靠、上报及时。

### （三）以加强内部管理为重点，着力提高监测能力

以标准化建站为契机，围绕环保中心工作，建立健全各项规章制度，改善工作作风，保障监测工作质量。

吉首市将按照各级环保部门要求，进一步厘清思路，完善机制，加大投入，强化措施，全力抓好国家重点生态功能区县域环境质量考核及国家重点生态功能区创建工作，以更加务实的工作作风，全面完成生态环境建设和质量考核任务，力争早日建成武陵山片区生态文化旅游中心城。

# 湖南
# 石门县

⊙ 云雾中的壶瓶山时隐时现，蜿蜒曲折

# 践行生态优先　推动绿色发展

——湖南省石门县县域生态环境质量监测评价与考核先进事迹

石门县地处湘鄂边界，全县国土面积 3 970 平方千米，总人口 67 万，是一个资源丰富、生态秀美的山区大县，是国家武陵山片区区域发展与扶贫攻坚试点县和省级扶贫开发重点县，也是第一批国家重点生态功能区县。近年来，石门县坚持“生态立县”战略，牢固树立“既要绿水青山，又要金山银山”的理念，努力将生态文明建设融入改革发展全过程，在保护环境与可持续发展中找到了一条富民强县新路子，先后荣获“国家级生态示范区”“国家主体功能区建设试点示范县”“全国森林资源管理先进县”“国家卫生县城”“全国文明县城”。石门县的主要做法是——以“四个引领”践行生态优先，坚持“四力合一”推动绿色发展，落实“精细管理”护航生态建设。

## 一、以生态理念引领顶层设计，保持绿色发展的定力

对石门这样一个贫困县来讲，要破除竭泽而渔的观念，选择放水养鱼来获取长远利益，十分不易。在改革发展中，我们坚持从顶层设计着手，用生态理念引领发展全局，保证了县域经济不偏离绿色发展轨道。

### （一）用战略统揽

早在 1998 年，县委、县政府就提出了生态立县的发展构想。2013 年，石门县进一步把“生态立县”确立为首位战略，出台了《关于实施生态立县战略 加快建设生态石门的决定》和《生态立县三年行动计划》等纲领性指导文件，把生态的元素融入发展思路、发展路径、发展措施等各个层面，构建了一以贯之的绿色发展框架，奠定了以生态文明建设引领全局的发展格局。为加强国家重点生态功能区建设，提高生态功能区转移支付资金使用效益，石门县制定出台了《石门县国家重点生态功能区转移支付资金管理使用办法》，就转移支付资金的预算安排，资金的拨付、建设项目的管理等做出了明确规定，通过强化预算管理，确保了生态功能区建设各项工作的顺利开展。

### （二）用规划指导

科学的规划是实现既定战略的“路线图”。无论是编制经济社会发展规划，还是各类专项规划，始终服从绿色发展理念、衔接生态保护规划。近年来，石门县先后高质量、高水平编制了《国家级生态县建设规划》《国家级生态示范区建设规划》和《国家主体功能区试点示范县建设规划》等生态建设规划，并指导全县所有乡镇农林场和 96% 的行政村都编制了本级生态建设规划，基本形成了县、乡、村三级相衔接，总体、区域、专项三类相呼应的“三级三类”规划体系。

### （三）用制度约束

落实发展战略、推进规划落地，离不开制度保驾护航。石门县围绕规划目标，建立健全了资源管护、国土开发保护、生态红线管控、“五小”存量企业限期退出、企业环境信用评价以及生态环境源头保护、损害赔偿、责任追究等一系列体制机制，实现了发展有所为、有所不为。2013 年以来，共否决不符合环保政策和规定的建设项目 26 个；先后关闭“五小”和污染严重的企业 57 家，逐步走出了过去环境治理“头疼医头、脚痛医脚”的现实困境。

## 二、以生态要求引领城乡建设，厚积绿色发展的潜力

在发展过程中，石门县立足“石门最大的资源是生态，最鲜明的底色是绿色”，坚持保护自然资源与改善人居环境并重，持续积累生态资源，让绿色成为石门最核心的竞争力。

### （一）把管护资源作为根本

要想收获生态“红利”，就必须管好绿色“本钱”。早在1998年，石门就在全省率先实行了封山禁伐。十多年来，通过大力实施护林增绿工程，扮靓了城乡山水，构筑了生态屏障，森林蓄积量年均增长21万立方米，全县森林覆盖率上升至72.46%。同时，对土地、矿产等资源实行节约集约利用，严守耕地保护红线，严控原矿开采和输出，新补充耕地2万亩，逐步退出矿山企业近30家，最大限度地减少了发展对自然资源的消耗。

### （二）把污染治理作为关键

污染横行，发展难行。石门县始终坚持防与治相呼应、点与面相结合，持续推进生态修复和污染治理。近年来，已累计实施石漠化治理35.9平方千米，治理小流域面积177.8平方千米；对雄黄矿等重度污染区已连续3年进行重点治理；全面禁止水库投肥养鱼，实行禽畜禁养区全部退养，促进农业农村污染减量化。2016年，以政府和社会资本合作（PPP）模式在全省率先启动了城乡一体化垃圾收运体系建设，实现了农村垃圾清理全域化推进。

### （三）把创建提升作为抓手

抓创建、促提升是我们实践多年且行之有效的一条经验。从国家卫生县城创建开始，石门县就坚持以创建巩固已有成果，不断完善环保机制，实现了生态文明成果在创建目标的逐步实现中得到不断巩固和发展。2014年，石门县正式获得省级生态县命名，目前全县331个行政村有307个获市级以上生态村命名，比

例达93.6%；26个乡镇（区、街道、农林场）中有22个已经获得国、省级生态乡镇命名；并从生态空间、生态经济、生态生活、生态制度、生态文化等多方面进行规划设计，明确提出“到2020年，把石门创建成为国家级生态文明建设示范县”的目标。

## 三、以生态效益引领产业升级，激发绿色发展的活力

“落后和贫穷才是资源环境最大的威胁”。为了走出“贫困—破坏生态—更贫困—再破坏”的恶性循环，我们注重生态效益和经济效益双赢，坚持存量改造与增量转型并举，让生态资源为经济服务并实现自身发展，走出了一条资源节约型、环境友好型的发展路子。

### （一）以绿色有机促进农业增效

变“靠山吃山、靠水吃水”为“养山吃山、养水吃水”，推进农业生产过程无害化和终端产品有机化。目前，石门县已形成北茶、中果、南橘，因地制宜发展养殖的特色农业布局，创出了“石门银峰”“石门柑橘”“石门马头羊”“石门土鸡”等多个知名品牌和国家地标产品，被评为“全国十大生态产茶县”“全国绿色食品柑橘标准化生产基地”和“国家级出口食品（农产品）质量安全示范区”。此外，石门县还探索发展野蔬菜、核桃、板栗等特色种植和养蜂、养蛇、养蛙等特种养殖，大力开发既能够富民又能够护绿的林下经济，2015年被评为“全国林下经济示范县”。

### （二）以清洁低碳助推工业转型

围绕清洁生产、低碳发展，坚持“两条腿”走路。一方面依托技术创新抓工业技改，发展了火力发电-粉煤灰生产水泥、烟气脱硫制硫酸，水泥窑余热发电、处理生活垃圾制水泥等系列循环经济，既减少“三废”排放、减轻环境压力，也提升了经济效益。另一方面依托招商引资发展战略性新兴产业，大力招引新能源、

新材料、信息技术等项目，提升工业发展层次，尤其是引进实施了生态饮用水、有机食品加工等生态项目，不仅加速了工业转型，更提升了对外的生态贡献。

### （三）以全域生态旅游实现融合发展

本着将“绿水青山”有机转化为“金山银山”的理念，历经多年发展，石门旅游已初步具备全域生态旅游发展基础，2013 年成为湖南省旅游强县，2018 年年初又被列为首批“国家全域旅游示范县”创建单位。石门县以“旅游＋”思维推进全地域、全产业、全资源融合发展，不仅实现了资源有效增值，更提升了一二三产业附加值。比如“旅游＋生态”打造生态休闲之旅、温泉疗养之旅、避暑度假之旅；“旅游＋文化”打造佛教禅宗之旅、民俗体验之旅、红色革命之旅；“旅游＋农业”打造采橘游、采茶游，不仅提升了旅游知名度，还促进了农产品的销售，激活了餐饮、住宿等服务业，推动了文化的保护与传承。

## 四、以生态文化引领价值取向，凝聚绿色发展的合力

文化有着“春风化雨”的强大感召力。在发展实践中，石门县坚持文化培育与生态建设并轨前行，着力引导形成珍惜资源、珍爱环境的价值取向，在全县上下凝聚起了绿色发展的广泛共识。

### （一）坚持宣教引导在先

坚持推行生态文明教育进机关、进社区、进校园、进家庭，特别是把生态文明纳入中小学教育，以小孩带动家庭、撬动社会，提升生态文明意识。近年来，石门县每年的县委学习中心组集中学习都安排一次以上的生态文明建设相关内容；县环保局每年举行 1 ～ 2 次“环保知识进校园”活动，县环境监测站每年定期对中小学生开放；壶瓶山镇乡土教材《绿色壶瓶我的家》连续走进中小学课堂 10 多年，已累计教育引导近万个家庭。此外，我们还注重挖掘民俗文化中的生态元素，把珍爱生态、保护环境的思想融入文化作品，在丰富群众精神文化生活

的同时，提升了群众的生态文化涵养。

### （二）坚持道德约束护航

石门县以开展文明市民、文明家庭、文明单位、文明小区、文明乡村等群众性创建活动为载体，将体现生态价值观内容写入《村规民约》，并建立自我监督机制，教育引导群众明是非、知荣辱、树立新风、革掉陋习，努力形成防止污染、保护生态、美化家园的社会文明新风尚。子良乡廖家冲村以村规民约助推环境保护和村风民风建设，其村民自治模式作为湖南省 3 个模式之一被原环境保护部在全国推介；皂市岩湾村环境卫生写进《村规民约》并成立环卫理事会抓监督、抓奖惩，2016 年 7 月被中央电视台《经济半小时》栏目特别报道。

### （三）坚持典型示范带动

在推进生态文明建设的过程中，石门县充分借助榜样的力量，将生态创建的要求融入文明单位创建、道德模范评选等工作之中，在全县评选和推荐一批生态道德楷模、生态产业发展标兵等先进典型，发挥他们的示范和引导作用，在全县有效形成了围绕生态文明建设学先进、争先进的积极氛围。2013 年以来，坚持在全县持续开展“石门生态卫士”“五星农户”等榜样人物评选，树立一个、带动一批、影响一片，为绿色发展积聚了强大的向心力。

2016 年 10 月，石门县成功举办了湖南省生态文明论坛石门年会，石门作为国家生态型主体功能区和国家重点生态功能区，在环境保护与可持续发展方面虽然作了一些探索和实践，但与先进县市相比还有一定差距。石门县将充分借鉴先进县市生态实践成果，进一步强化“生态立县”战略，加快创建国家级生态文明建设示范县，争当绿色发展排头兵！

重庆
武隆区

⊙ 武隆国家公园一隅，美景托奇观、尽在山水间

# 以绿色为发展底色　建生态示范强区

——重庆市武隆区县域生态环境质量监测评价与考核先进事迹

## 一、领导重视

武隆区高度重视县域生态环境质量考核工作，成立了由区长任组长，分管财政、环保副区长为副组长，环保、国土、林业等相关职能部门主要负责人为成员的武隆区国家重点生态功能区县域生态环境质量监测评价与考核工作领导小组，负责组织、协调全区的考核工作。区政府多次召开专题会，对考核自查工作组织情况、生态保护资金分配使用及工程建设情况、自然生态指标等内容进行细化，对数据的填报和管理、时间进度等工作进行了明确安排。各责任单位各司其职，协同配合，对提供的数据严格把关，认真审核，确保数据真实、有效、严谨。考核自查工作按时间节点要求，有序推进。

## 二、制度完善

每年，区政府都会印发《武隆区生态功能区县域生态环境质量监测评价与考核工作实施方案》，分解任务、明确要求、落实责任，有效推进考核工作。先后制订了《武隆县国家级生态县创建规划（2011—2020）》《关于开展环境保护“五大行动”的实施意见》《关于加快推进生态文明建设示范区县建设的意见》和《武隆县“十三五”生态文明建设规划》等一系列规章制度。

## 三、方向明确

提出“六个更加”：生态环境更加优良、生态建设更加完备、生态保护更加严格、生态制度更加完善、生态文化更加普及、生态产业更加发达，以加强生态环境保护和建设、促进可持续发展为根本目的，以绿色生态为主线、建管并举为抓手、制度创新为保障、释放改革红利为落脚点，优化空间开发格局，发展绿色生态产业，促进资源节约利用，弘扬特色生态文化，建设生态文明制度，推进绿色发展、循环发展、低碳发展。

## 四、工作扎实

武隆国家公园的瀑布

武隆区深入实施系列生态保护与建设工程，不断提升县域生态环境质量。近5年来，投入16 100万元，修建县城龙山、凤山公园；投入875万元，综合治理水土流失面积2 505亩；投入973万元，人工造林2.27万亩，封山育林1.65万亩；投入7 804万元，在全区157个行政村（占全区所有行政村的84.41%）开展农村环境连片整治项目，建成37个农村聚居点污水处理站，配套管网117.6千米，新增污水处理能力2 245吨/日，配备垃圾压缩车、臂钩车、垃圾箱、垃圾桶若干；投入2 700余万元，关闭禁养区畜禽养殖场44家；全区26个乡镇中有23个乡镇实现生活污水集中处理，城镇生活污水集中处理率达到98%，村镇饮用水卫生合格率89%；14个乡镇垃圾中转站完成建设，全区乡镇生活垃圾收运系统全覆盖，生活垃圾无害化处理率达到98%。

## 五、监管有力

一是探索环境污染治理第三方治理运营模式。区政府与重庆环保投资有限公司签订了《乡镇污水处理设施建设运营合同》，将辖区内集中污水处理设施移交该公司运维。目前已移交30座污水处理设施，处理规模7 805立方米/日，年支付运维费用约为500万元。其中：乡镇级污水处理设施17座，总设计规模6 850立方米/日，居民聚居点污水处理设施13座，总设计规模955立方米/日。二是加强对污染源监督管理力度。区环保局对全区污染源实行网格化管理，定期对污染源进行监测，建立排污监管台账，实施三级环境监管责任制。

## 六、资金保障

武隆区紧扣“绿色新政、绿色发展”的全新理念，专项预算环境保护工作经费。定额预算的有：区级环境保护与生态建设1 000万元，乡镇生态发展资金2 600万元（每个乡镇100万元），县域生态环境质量考核工作监测经费100万元。其他生态保护与修复、环境污染治理、资源保护等方面预算常年保持在10 000万元以上。

## 七、成效显著

空气环境质量。2011—2016年，武隆区空气质量达标率分别为94.5%、98.9%、96.0%、95.3%、94.2%和94.7%，均在94%以上。总体空气质量良好。

水环境质量。2011—2016年，武隆区地表水环境质量逐年改善。乌江锣鹰、白马断面水质类别由劣Ⅴ类变为Ⅲ类，大溪河平桥镇断面水质类别由劣Ⅴ类变为Ⅴ类，大溪河鸭江镇断面水质类别由Ⅴ类变为Ⅳ类，芙蓉江江口镇、三河口、石梁河长坝镇断面水质类别常年保持在Ⅱ类。

声环境质量。2011—2016年，武隆区域环境噪声平均值分别为55.2分贝、55.7分贝、55.6分贝、53.5分贝、53.3分贝和53.9分贝，交通干线噪声平均值分别为67.8分贝、67.0分贝、66.3分贝、65.2分贝、67.7分贝和67.7分贝。区域环境噪声、道路交通噪声总体低于国家标准，功能区噪声达标率100%。

生态质量。全区推进退耕还林、天然林保护、重点生态功能区建设、水土流失及石漠化治理等生态保护与建设工程，生态系统功能得到巩固提升，森林覆盖率达到61.8%。近5年来没有发生重大环境污染事故和重大环境违法案件，没有发生因环境污染问题处理不当引发群体性事件。

荣誉称号。成功创建国家级旅游度假区、国家生态旅游示范区等知名品牌，被联合国授予“可持续发展城市范例奖”；成功创建国家卫生县城，全国生态文明示范工程试点县、国家主体功能区试点示范县、国家生态文明先行示范区；建成市级生态镇4个、生态村26个；获国家级森林公园和世界自然遗产地命名。